Die effektive Führungspersönlichkeit

Kompetent managen
Band 4

Stephen R. Covey ist Gründer des Covey Leadership Centers (heute FranklinCovey Co.). Er war 20 Jahre lang Professor für Business Management. Von seinem Buch *Die sieben Wege zur Effektivität* wurden weltweit über 15 Millionen Exemplare verkauft.

Informationen unter www.franklincovey.de

Stephen R. Covey

Die effektive Führungspersönlichkeit

Prinzipienorientiert managen

Aus dem Englischen von Maria Beck

Campus Verlag
Frankfurt/New York

Die Sonderedition *Kompetent managen* ist eine Gemeinschaftsaktion
des Campus Verlags und der Handelsblatt GmbH.

Die Originalausgabe erschien unter dem Titel »Principle-Centered Leadership«
beim Verlag Simon & Schuster, New York.

Der Text wurde in Übereinstimmung mit dem Autor für die deutsche Fassung
leicht gekürzt.

Bibliografische Information der Deutschen Nationalbibliothek:
Die Deutsche Nationalbibliothek verzeichnet diese Publikation in der
Deutschen Nationalbibliografie. Detaillierte bibliografische Daten
sind im Internet unter http://dnb.d-nb.de abrufbar.
ISBN 978-3-593-38978-3 (Band 4)
ISBN 978-3-593-38981-3 (Gesamtedition)

Limitierte Sonderausgabe 2009

Umschlaggestaltung: Guido Klütsch, Köln
Satz: Campus Verlag GmbH, Frankfurt/Main
Druck und Bindung: CPI – Ebner & Spiegel, Ulm
Gedruckt auf säurefreiem und chlorfrei gebleichtem Papier.
Printed in Germany

Besuchen Sie uns im Internet: www.campus.de

Inhalt

Vorwort zur deutschen Ausgabe

Führen oder Managen? Wo ist denn da der Unterschied?

Beim Managen geht es um Dinge, beim Führen um Menschen. Beim Managen kommt es darauf an, die Dinge effizient zu erledigen und Prozesse, Systeme und Ressourcen zu optimieren. Beim Führen geht es um Vision, Leidenschaft, Vertrauen, Integrität, um Überblick und langfristiges Denken.

Leider lernt man an unseren Universitäten und in den Ausbildungsprogrammen der Unternehmen wenig über gute Führung. Meist konzentriert sich die Wissensvermittlung auf Managementtechniken. Dabei lassen sich durch effektive Führung wesentlich bessere Ergebnisse erzielen als durch gutes Management – schließlich sind die Menschen der wichtigste Produktivfaktor in einer Organisation.

Wir erleben es in unserer Beratung täglich: Ohne innere Größe, ohne Glaubwürdigkeit, ohne Charakter und Kompetenz wird eine Führungskraft kaum dauerhaften Erfolg haben und als Vorbild von ihrem Team anerkannt werden.

Dieses Buch zeigt Ihnen, wie Sie sich selbst und andere besser führen. Die Prüffrage dabei ist immer: »Würden mir die anderen folgen, selbst wenn ich nicht die Macht und den Status meiner jetzigen Position hätte?«

Viel Erfolg bei der Stärkung Ihrer Führungspersönlichkeit!

Alexandra Altmann
Geschäftsführerin
FranklinCovey Leadership Institut GmbH
Deutschland | Schweiz | Österreich

a.altmann@franklincovey.de

Vorwort

Führen nach Prinzipien

Meine Seminarteilnehmer bekommen häufig die Aufgabe gestellt, zu berichten, welche Probleme in ihrem Leben die schwierigsten sind und welche Fragen sie am meisten bewegen. Unweigerlich kommen dann Konflikte zur Sprache, die mit konventionellen Ansätzen weder fassbar noch lösbar sind. Die folgenden Beispiele illustrieren das:

- Wie kann ich ein gesundes Gleichgewicht zwischen privatem und beruflichem Leben herstellen, wenn ich von einer Krise in die nächste gerate?
- Wie kann ich mich aufrichtig über die Erfolge meiner Mitmenschen freuen?
- Wie behalte ich die Kontrolle über meine Mitarbeiter und gewähre ihnen gleichzeitig genügend Freiraum, damit sie gute Arbeit leisten können?
- Wie verinnerliche ich die Grundsätze der »Total Quality« und der kontinuierlichen Verbesserung auf allen Ebenen, wenn mich bisher noch keines der vielen Aktionsprogramme beeindrucken konnte?

Vielleicht haben auch Sie sich diese Fragen schon gestellt, wenn Sie in Ihrem privaten und beruflichen Leben den richtigen Weg gesucht haben. In diesem Buch erfahren Sie, wie Ihnen die Grundsätze einer effektiven Führung dabei helfen können.

Gib einem Hungrigen einen Fisch, und du machst ihn für einen Tag satt. Lehre ihn zu angeln, und du machst ihn für sein ganzes Leben satt.

Es ist viel Erkenntniskraft erforderlich, um die existenziellen Fragen beantworten zu können, die in meinen Seminaren so oft gestellt werden. Aber ohne die damit verbundene Reife bleibt man im Leben auf einer Stufe stehen, auf der Probleme durch bloßes Experimentieren gelöst und wichtige Dinge immer aufgeschoben werden.

Seit Erscheinen meines Buches *Die sieben Wege zur Effektivität* (1992) habe ich mit vielen Menschen zusammengearbeitet, die es sich irgendwann einmal zum Ziel gesetzt hatten, ihr Leben zum Positiven zu verändern und ihre Produkte, Dienstleistungen und Unternehmen zu verbessern. Leider wurden sie allzu oft bei ihren ernst gemeinten Bemühungen, an zwischenmenschlichen Beziehungen zu arbeiten und ihre Produktivität zu steigern, schlecht angeleitet, und sie scheiterten an falschen Konzepten. Sie verhielten sich genau entgegengesetzt zu effektiven Menschen. Mein Bruder John Covey, ein hervorragender Lehrer, spricht in diesem Zusammenhang sogar von den sieben Wegen zur *Ineffektivität*:

- Reagiere mehr, als du agierst: Zweifle an dir selbst, und gib anderen die Schuld für deine Niederlagen.
- Arbeite ohne ein klares Ziel vor Augen.
- Erledige dringende Angelegenheiten zuerst.
- Denke in den Kategorien Gewinnen/Verlieren.
- Strebe zuerst danach, verstanden zu werden.
- Wenn du deinen Standpunkt nicht durchsetzen kannst, gehe Kompromisse ein.
- Meide jede Veränderung und schiebe Verbesserungen auf.

So wie private Siege den öffentlichen Siegen vorausgehen, wenn effektive Menschen auf dem Weg des *Reifekontinuums* ihre Fortschritte machen, so kündigt privates Versagen peinliche öffentliche Niederlagen an, wenn ineffektive Menschen sich zum *Unreifekontinuum* zurückentwickeln. Sie geraten aus einer *Abhängigkeit*, in der andere für die Erfüllung ihrer Grundbedürfnisse und Wünsche sorgen, in einen Zustand der *gegenseitigen Abhängigkeit*, der durch Kampf- oder Fluchtverhalten gekennzeichnet wird, und dann in eine *Kodependenz*, die zum destruktiven Umgang mit anderen Menschen führt.

Wie kann man nun solche festgefahrenen Verhaltensweisen ablegen? Wie kann man sich dem Sog der Vergangenheit entziehen und dem privaten und beruflichen Leben eine neue und sinnvolle Richtung geben?

Auf diese Fragen versucht mein Buch eine Antwort zu geben. In Teil 1 lege ich die Grundsätze der Effektivität im persönlichen und zwischenmenschlichen Bereich dar. In Teil 2 erfahren Sie dann, wie sie in der Führungsarbeit und in Unternehmen angewandt werden können.

Beobachtungen und Beispiele

Ich möchte nun einige Beispiele für die Erscheinungsformen des zentralen Problems geben, mit dem wir alle im persönlichen und im beruflichen Leben konfrontiert sind. Dann werde ich eine prinzipienorientierte Lösung vorschlagen.

- Manche Menschen finden es gerechtfertigt, nach dem Motto »Der Zweck heiligt die Mittel« zu verfahren. »Geschäft ist Geschäft«, meinen sie, und »Ethik« und »moralische Grundsätze« ließen sich eben nicht immer mit geschäftlichen Interessen vereinbaren. Viele dieser Menschen sehen keinen Zusammenhang zwischen der Qualität ihres Privatlebens und der Qualität ihrer Produkte und Dienstleistungen im Beruf. Die sozialen und unternehmenspolitischen Gegebenheiten in ihren Unternehmen und die Herausforderung durch die immer schwieriger werdenden Märkte lassen sie glauben, dass sie Beziehungen manipulieren und gleichzeitig erfolgreich sein können.
- Wenn ich in meinen Seminaren frage: »Wie viele von Ihnen stimmen mir zu, dass die meisten Menschen weit mehr Fähigkeiten, Kreativität, Begabungen und Eigeninitiative haben, als ihr Beruf ihnen abverlangt«, dann liegt die Zustimmung bei etwa 99 Prozent. Mit anderen Worten: Wir sind uns einig darüber, dass unser Potenzial nicht ausgeschöpft wird und schlechtes Personalmanagement unsere Leistungsfähigkeit behindert.
- Die Helden der heutigen Zeit sind häufig Menschen, die viel Geld verdienen. Wenn ein Prominenter – ob Schauspieler, Entertainer oder Sportler – die Meinung äußert, dass man im Leben alles erreichen kann, wenn man sich seine eigenen Regeln schafft, dann horchen wir auf, vor allem, wenn solche Aussagen durch gesellschaftliche Normen noch bekräftigt werden.
- Manche Eltern glauben, zur Kindererziehung gehöre nicht mehr, als den Anschein einer intakten Familie zu wahren. Sie schreien ihre Kinder an, und wenn das nichts hilft, werden Türen geknallt. Später sind sie schockiert, wenn ihre Kinder als Teenager mit Drogen, Alkohol und Sex experimentieren, um die Leere in ihrem Leben auszufüllen.
- Im Rahmen eines Beratungsauftrags empfahl ich einmal einem Geschäftsführer, gemeinsam mit seinen Mitarbeitern eine schriftliche Aussage über das Unternehmensleitbild zu formulieren und nach sechs

Monaten vorzulegen. Er erwiderte: »Sie verstehen nicht, Stephen. Wir bringen die Sache noch an diesem Wochenende über die Bühne.« Es gibt viele Menschen, die wichtige Angelegenheiten an einem einzigen Wochenende hinter sich bringen wollen: Sie denken, sie könnten ihrer Ehe neues Leben einhauchen, die entfremdete Beziehung zum Sohn erneuern, die Unternehmenskultur verändern. Aber es gibt Dinge, für die man mehr Zeit als nur ein Wochenende aufwenden muss.

- Manche Eltern nehmen die Rebellion und Aufsässigkeit ihrer pubertierenden Kinder persönlich, weil sie es nicht ertragen können, von ihnen nicht akzeptiert zu werden. So entsteht ein heimliches Einvernehmen, in dem jede Seite die Schwächen der anderen hinnimmt, um sich selbst nicht verändern zu müssen.
- In der Führungsarbeit konzentriert man sich zu oft auf das Quantifizierbare. Der Juli gehört den Operatoren, der Dezember den Controllern. Weil die Zahlen am Ende des Jahres beeindrucken sollen, werden sie häufig manipuliert. Man mag sie noch so eindringlich als exakt und objektiv bezeichnen, sie beruhen trotzdem immer auf subjektiven Annahmen.
- Die meisten Menschen wollen sich nicht von Rednern überzeugen lassen, die nichts weiter als unterhaltsame Heile-Welt-Geschichten zu erzählen haben. Sie wollen etwas Substanzielles – eine Entwicklung. Sie wollen mehr als Schmerzmittel und Heftpflaster gegen akute Beschwerden, denn sie wollen auch chronische Probleme lösen und langfristige Ergebnisse erreichen.
- Auf einer Fortbildungstagung sprach ich einmal mit einer Gruppe von hochrangigen Managern, die auf ihren Chef nicht gut zu sprechen waren. Er habe sie »gezwungen, an dieser Tagung teilzunehmen und sich vier Tage lang mit abstraktem Gerede berieseln zu lassen«. Sie kamen aus einer Unternehmenskultur, in der sie bevormundet wurden und in der Weiterbildung nur als Kostenfaktor, nicht aber als Investition galt. Die Menschen wurden im Grunde wie Sachen behandelt.
- In der Schule werden die Schüler nach Abschluss einer größeren Unterrichtseinheit zur Kontrolle abgehört. Sie durchblicken das System schnell, geben sich in den einzelnen Schulstunden keine Mühe mehr, und wenn es darauf ankommt, pauken sie sich in Panik den gesamten Stoff an einem einzigen Nachmittag ein. Oft glauben sie, solche Schnellverfahren führten auch im Erwachsenenleben zum Erfolg.

Die Lösung: Auf natürliche Prinzipien setzen

Es gibt Probleme, die mit den bekannten Methoden nicht gelöst werden können. Wir können nicht immer nur das tun, was gerade Spaß macht oder am bequemsten ist, weil wir natürlichen Gesetzen und Regelmäßigkeiten unterworfen sind. Diese wirken unabhängig davon, ob wir uns ihrer überhaupt bewusst sind oder sie in unser Leben einbeziehen.

Denken Sie etwa an einen Bauern: Er muss seinen Acker pflügen, säen, Unkraut jäten und für günstige Wachstumsbedingungen sorgen. Ähnlich ist es bei Eheproblemen oder in einer schwierigen Pubertätskrise: Es gibt keine schnelle Lösung, die aus etwas positivem Denken und ein paar Erfolgsformeln besteht. Stattdessen regiert das Gesetz der Ernte, ob wir uns bewusst darauf einstellen oder nicht. Deshalb sollten Sie es ins Zentrum Ihres Lebens rücken, ins Zentrum Ihrer Beziehungen und ins Zentrum Ihres Unternehmens.

Wer versucht, andere Menschen nach Bedarf zu manipulieren – und gleichzeitig weder durch *Charakter* noch durch *Kompetenz* überzeugen kann –, erreicht damit langfristig nicht viel. Wo wenig oder kein Vertrauen herrscht, gibt es auch keine Grundlage für dauerhaften Erfolg. Rhetorisches Talent und gute Absichten reichen nicht aus. Wenn wir aber lernen, Menschen überzeugend zu führen, schaffen wir weit bessere Voraussetzungen für ihren und unseren Erfolg, weil wir ihre Energie freisetzen und ihr Potenzial erschließen.

Häufig denken wir, dass positive Veränderungen von außen statt von innen kommen müssen. Doch selbst wenn wir einsehen, dass es umgekehrt ist, glauben wir immer noch, dass der Erwerb neuer Fähigkeiten dabei eine wichtigere Rolle spielt als die Beschäftigung mit den Grundprinzipien des Lebens. Die Erfahrung zeigt jedoch, dass ein grundlegender Wandel nur dann möglich ist, wenn traditionelle Denkweisen aufgegeben werden. Diesen Vorgang nenne ich *Paradigmenwechsel.*

Die Übernahme prinzipienorientierter Führungsmethoden stellt einen solchen Paradigmenwechsel dar. Wir richten unsere Lebensweise und Führungsarbeit neu aus auf die für richtig befundenen Prinzipien. Ich werde in diesem Buch beschreiben, wie diese Grundsätze heißen, warum wir prinzipienorientiert leben sollen, und wie wir das erreichen können.

Menschliche Effektivität wird erst durch bestimmte *unumstößliche* Prinzipien ermöglicht – natürliche Gesetze, die ebenso unveränderlich sind wie das der Schwerkraft in der Physik. Diese Grundsätze sind Bestandteil jeder zivilisierten Gesellschaft und sie bilden sogar die Wurzeln einer jeden Familie.

Die Prinzipien, die ich meine, werden weder von uns noch von der Gesellschaft erfunden; es sind Gesetze des Universums, die für menschliche Beziehungen ebenso wie für alles gelten, was Menschen schaffen. Sie sind Teil des menschlichen Lebens, Bewusstseins und Gewissens. Wer Grundprinzipien wie Gerechtigkeit, Ehrlichkeit und Vertrauen anerkennt und in Harmonie mit ihnen lebt, entwickelt sich weiter und gewinnt in zunehmendem Maße an Stabilität und Sicherheit. Wer dies nicht tut, geht den entgegengesetzten Weg und leidet unter innerer Zerrissenheit und Destruktivität.

Aus Erfahrung weiß ich, dass man Menschen, deren Persönlichkeit von den richtigen Prinzipien geprägt ist, instinktiv Vertrauen entgegenbringt. Das beweisen auch unsere langfristigen Beziehungen. Verhaltenstechniken sind relativ unwichtig gegenüber dem Faktor Vertrauen – wobei ich Vertrauen als das Ergebnis einer langfristig unter Beweis gestellten Glaubwürdigkeit definiere. In einer vertrauensvollen Atmosphäre kommunizieren wir leicht, mühelos, spontan. Auch wenn wir uns einmal im Ton oder im Wort vergreifen, verstehen die anderen, was wir sagen wollen. Wo jedoch wenig Vertrauen herrscht, ist die Kommunikation ermüdend, zeitaufwändig, ineffektiv und sehr schwierig.

An der eigenen Persönlichkeit zu arbeiten, ist relativ einfach: Wir brauchen nur neue Fertigkeiten zu erlernen, Sprachmuster zu verändern, Sozialtechniken einzuüben, mentales Training durchzuführen oder unsere Selbstachtung zu stärken. Vergleichsweise schwierig ist es jedoch, Gewohnheiten zu verändern, positive Eigenschaften zu entwickeln, Disziplin zu üben, Mut zu beweisen oder Gefühle und Überzeugungen anderer Menschen aufrichtig zu respektieren. Hier liegen die wahren Prüfsteine unserer Reife.

Ein stabiles Selbstwertgefühl zu entwickeln und sich gleichzeitig höheren Zielen und Prinzipien unterzuordnen – diesen scheinbar so paradoxen Anspruch müssen wir erfüllen, um zur höchsten menschlichen Vollendung zu gelangen und effektiv führen zu können.

Führen mit dem Kompass

Ein richtiges Prinzip ist wie ein Kompass: Es weist immer den richtigen Weg. Wer es zu deuten versteht, behält den eingeschlagenen Weg bei und widersteht allen Versuchungen, sich in die Irre leiten zu lassen.

Prinzipien sind Naturgesetze, die sich selbst beweisen und unveränderbar sind. Sie geben uns eine Orientierung und lenken uns.

Prinzipien sind jederzeit und überall gültig. Sie treten in Form von Werten, Vorstellungen und Normen an die Oberfläche und führen uns zu menschlicher Vollkommenheit und Erfüllung. Die Geschichte lehrt, dass Menschen und Zivilisationen sich immer dann entfalten und aufblühen konnten, wenn sie nach den richtigen Prinzipien lebten. Umgekehrt liegen an der Wurzel gesellschaftlicher Zerfallserscheinungen immer Verhaltensweisen, die diesen Prinzipien zuwiderlaufen. Wie viele wirtschaftliche Katastrophen, interkulturelle Konflikte, politische Revolutionen und Bürgerkriege hätten verhindert werden können, wenn diese Tatsache berücksichtigt worden wäre?

Deshalb liegt der prinzipienorientierten Führung die Erkenntnis zugrunde, dass die natürlichen Gesetze nicht ungestraft verletzt werden können. Ob wir an sie glauben oder nicht, ihre Gültigkeit und Wirksamkeit hat sich durch Jahrhunderte hindurch bewiesen. Menschen und Unternehmen sind leistungsfähiger, wenn sie sich von diesen bewährten Prinzipien leiten lassen. Sie bieten jedoch keineswegs Patentlösungen für persönliche und zwischenmenschliche Probleme. Stattdessen soll ein lebenslanger Prozess in Gang kommen, in dessen Verlauf Verhaltensweisen ausgebildet werden, die grundlegende Veränderungen im persönlichen und zwischenmenschlichen Bereich und damit letztendlich auch im Wirtschaftsleben ermöglichen.

Anders als Werte sind Prinzipien objektiv und allgemeingültig. Sie gehorchen Naturgesetzen und sind deshalb von äußeren Bedingungen unabhängig. Werte dagegen sind subjektiv und von Mensch zu Mensch verschieden. Werte sind wie Landkarten: Sie stellen nicht die geografischen Regionen selbst dar, sondern sind nur subjektive Versuche, diese abzubilden. Je mehr unsere Werte oder Landkarten den richtigen Prinzipien entsprechen – also den Dingen, wie sie wirklich sind –, desto genauer und nützlicher sind sie. Wenn eine Region sich jedoch ständig verändert, wenn Märkte sich in Bewegung befinden, dann ist auch die beste Landkarte schnell veraltet.

Eine auf Werten basierende Landkarte mag eine nützliche Beschreibung darstellen, aber wirklich unschätzbare Dienste leistet der Kompass. Eine exakte Landkarte ist ein gutes Handwerkszeug, ein guter Kompass ein unfehlbares Führungsinstrument. Es ermöglicht uns, effektiv zu sein. Wenn wir uns ausschließlich auf Landkarten verlassen, vergeuden wir Zeit, Energien und Chancen.

Individuelle Einstellungen spiegeln oft gesellschaftliche Werte wider. Wir fangen schon in der Kindheit an, ein Wertesystem auszubilden, das sich aus kulturellen Einflüssen, eigenen Erfahrungen und der Familiengeschichte zusammensetzt. Es wird zur Brille, durch die wir die Welt sehen und die deshalb unser Verhalten maßgeblich bestimmt.

Ein häufig anzutreffendes reaktives Muster ist das Schubladendenken: Jede Schublade wird mit bestimmten Werten verbunden, die wiederum ein ganz bestimmtes Verhalten in den jeweiligen Rollen als Ehepartner, Elternteil, Kind oder Führungskraft bedingen. Konflikte sind vorprogrammiert, weil die Wertesysteme der einzelnen Schubladen widersprüchlich sein können. Re-aktiv orientierte Menschen versuchen dann, die widerstreitenden Erwartungen zu erfüllen und nach unterschiedlichen Werten zu leben, je nachdem, in welcher Rolle oder Umgebung sie sich gerade befinden.

Menschen, die im Gegensatz dazu beginnen, ihre Werte mit den richtigen Prinzipien in Einklang zu bringen, lösen sich von ihren alten Sichtweisen oder Paradigmen. Glaubwürdige Führungspersönlichkeiten zeichnen sich durch die Fähigkeit aus, sich höheren Zielen unterzuordnen – sie sind in der Lage, ihre Brille abzunehmen und zu analysieren, ob ihre Werte und Verhaltensweisen mit den Prinzipien übereinstimmen. Wo dies nicht der Fall ist – wo Vorurteile oder Unwissenheit vorherrschen –, unternehmen sie etwas dagegen. Der Respekt vor den unveränderlichen Prinzipien gibt ihrem Leben Kontinuität und spendet ihnen Kraft.

Vier Dimensionen

Respekt vor den richtigen Lebensprinzipien ist der Schlüssel zu der inneren Kraft, die wir brauchen, um unsere Träume zu verwirklichen. Dieses Wissen verleiht uns Sicherheit, es setzt innere Energien frei und gibt unserem Leben eine Struktur. Es steht im Zentrum unserer persönlichen und beruflichen Ziele und bringt Werte und Strukturen auf eine gemeinsame Linie.

Die Prioritäten, die jeder Mensch setzt, können seine Entwicklung fördern, aber auch hemmen. Im Großen und Ganzen gibt es vier grundlegende Dimensionen in der Gestaltung unseres Lebens: Sicherheit, Orientierung, Kraft und Weisheit. Wer prinzipienorientiert lebt und führt, fördert und entwickelt gleichzeitig auch diese vier Quellen innerer Stärke.

Welche Folgen hat es nun, wenn wir einen anderen Mittelpunkt als die richtigen Prinzipien wählen? Was geschieht, wenn wir uns zu sehr auf Be-

Grafik 1: Die verschiedenen Lebenszentren

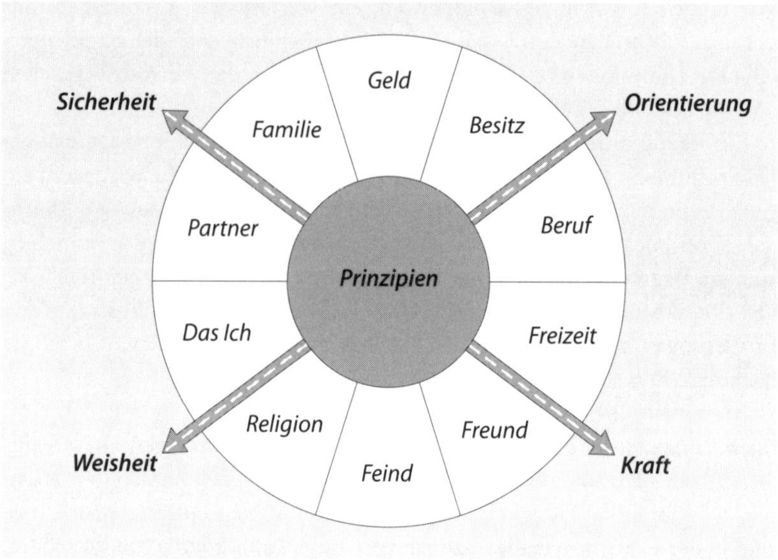

ruf oder Freizeit, auf Freunde, Feinde, Partner oder die Familie, auf die eigene Person oder Besitz und Geld konzentrieren? Wir schwächen uns und geraten in eine tiefe Verunsicherung. Wenn wir etwa zu großen Wert auf das Bild legen, das andere von uns haben, lassen wir uns von ihrer Meinung leiten und kontrollieren. Wenn es uns an Sicherheit und Selbstachtung fehlt, geraten wir in emotionale Abhängigkeit. Wenn es uns an Weisheit fehlt, wiederholen wir Fehler der Vergangenheit. Wenn es uns an Orientierung fehlt, folgen wir jedem Modetrend und führen Begonnenes nicht zu Ende. Wenn es uns an Kraft fehlt, werden wir zum Spielball unserer Umgebung und unserer Launen.

Wenn wir jedoch unser Leben auf die korrekten Prinzipien ausrichten, werden wir ausgeglichener und innerlich gefestigter – kurz: Wir werden effektiver. Wir haben ein Fundament für unser Handeln, unsere Beziehungen und Entscheidungen. Gleichzeitig können wir sicher sein, dass es in unserem Leben höhere Ziele gibt. Sie bestimmen unseren Umgang mit Zeit, Geld, Besitz, Beziehungen, Familie und Gesundheit, der so verantwortungsvoll wie möglich sein muss. Wir wissen, dass wir all diese Dinge nur in guter Absicht einsetzen dürfen und verantwortungsvoll damit umgehen müssen.

Die Unverletzbarkeit der richtigen Prinzipien bewahrt uns davor, von Veränderungen oder Kritik erschüttert zu werden; sie vermittelt uns Orientierung, damit wir unsere Berufung finden, unsere Rollen definieren und Ziele festschreiben; sie fördert Weisheit, damit wir aus Fehlern lernen; und sie gibt uns die Kraft, auch unter Belastungen noch fair mit anderen Menschen zu kommunizieren und zu kooperieren.

- *Sicherheit:* Mit Sicherheit ist unser Sinn für Identität, emotionalen Halt und Selbstachtung gemeint. Stellen Sie sich ein Kontinuum vor: An einem Ende steht ein fest verankertes Selbstwertgefühl, das andere ist von extremer Unsicherheit und Verletzbarkeit geprägt.
- *Orientierung:* Orientierung ist die Richtung, die unser Leben erhält. Sie wird maßgeblich durch Normen und Prinzipien bestimmt. Auch hier kann man sich wieder ein Kontinuum vorstellen: An einem Ende stehen oft ein ausgeprägtes Suchtverhalten und emotionale Abhängigkeit, weil der Lebensstil auf Eigennutz und Vergnügen ausgerichtet ist. In der Mitte des Kontinuums befindet sich die Ausbildung eines sozialen Gewissens, ermöglicht durch die Konzentration auf Traditionen und Beziehungen. Am anderen Ende des Kontinuums steht das Gewissen, das sich in vollkommener Übereinstimmung mit den wahren Prinzipien befindet.
- *Weisheit:* Mit Weisheit ist eine kluge Sichtweise gemeint. Ein weiser Mensch versucht zu verstehen, wie sich die Mosaiksteine des Lebens zusammenfügen und die wahren Prinzipien anwenden lassen. Dazu benötigt er Urteilsvermögen, Unterscheidungsfähigkeit und Erkenntniskraft. Weisheit lässt sich nicht aufsplittern, sie ist ein unteilbares Ganzes. An einem Ende des Weisheitskontinuums stehen ungenaue Landkarten, die dazu verleiten, nach unharmonischen Prinzipien zu leben. Am anderen Ende befindet sich ein exakter Lebenskompass: Die Prinzipien stehen im richtigen Verhältnis zueinander. Je mehr wir uns diesem Zustand nähern, desto stärker wird uns bewusst, wie das Leben sein sollte und wie es in Wirklichkeit ist. Zur Weisheit gehört auch die Fähigkeit, reine Freude von flüchtigem Vergnügen zu unterscheiden.
- *Kraft:* Kraft ist die Fähigkeit, zu handeln und etwas zu vollbringen. Kraft ist die lebenswichtige Energie, Entscheidungen zu treffen. Kraft ist auch das Vermögen, tief verwurzelte Gewohnheiten aufzugeben und effektivere Verhaltensweisen anzunehmen. An einem Ende des Kontinuums stehen Schwäche und Unsicherheit. Menschen, die sich dort befinden, sind wehrlos äußeren Umständen und Einflüssen ausgesetzt. Sie

bilden sich keine eigene Meinung, sondern übernehmen die anderer. Sie wissen nicht, was wirkliche Freude und wirkliches Glück sind. Am anderen Ende des Kontinuums stehen visionäres Denken und Disziplin. Die Menschen entscheiden selbst über ihr Leben und sind weniger von äußeren Umständen abhängig. Sie bewirken etwas, sind pro-aktiv und handeln nach unvergänglichen Prinzipien und universalen Gesetzen. Sie übernehmen die Verantwortung für ihre Gefühle und Einstellungen sowie für ihr Denken und Handeln.

Diese vier Faktoren – Sicherheit, Orientierung, Weisheit und Kraft – bedingen sich gegenseitig. Sicherheit und die richtige Orientierung führen zu wahrer Weisheit, und Weisheit wiederum ist der Funke oder Katalysator, mit dem Kraft freigesetzt und in die richtigen Bahnen gelenkt wird. Wenn diese vier Faktoren in einem harmonischen Verhältnis zueinander stehen, hat ein Mensch eine reife, charakterstarke und ausgeglichene Persönlichkeit.

Zentren in Organisationen

Zur prinzipienorientierten Führung gehören die Sieben Wege zur Effektivität und die damit verknüpften Grundprinzipien. Aus dieser Konzentration auf das Wesentliche resultieren oft revolutionäre Erneuerungen der Unternehmenskultur.

Wenn Sie Prinzipien ins Zentrum Ihres Lebens gerückt haben, werden Sie bald feststellen, dass es nur einen Weg gibt, mit anderen Menschen umzugehen: Man muss sie so behandeln, wie man selbst gerne behandelt werden möchte. Sie erkennen auch, dass der Wettbewerb eine Chance dafür bietet, auf dem jeweils neuesten Stand der Entwicklung zu sein und eigene Schwächen frühzeitig zu entdecken. Sie fühlen sich durch diese Herausforderung jedoch in Ihrer Identität nicht bedroht, weil Sie einen Anker und einen Kompass haben. Auch in turbulenten Zeiten behalten Sie Augenmaß und Urteilsvermögen. Und Sie beziehen Ihre Kraft stets aus sich selbst heraus.

Welchen Stellenwert haben die Faktoren Gewinn, Zulieferer, Mitarbeiter, Eigentümer, Kunden, Programm, Politik, Wettbewerb, Image und Technologie? Kein Faktor sollte oberste Priorität bekommen – weil nämlich das prinzipienorientierte Paradigma über ihnen steht. Ebenso wie

Grafik 2: Die verschiedenen Unternehmenszentren

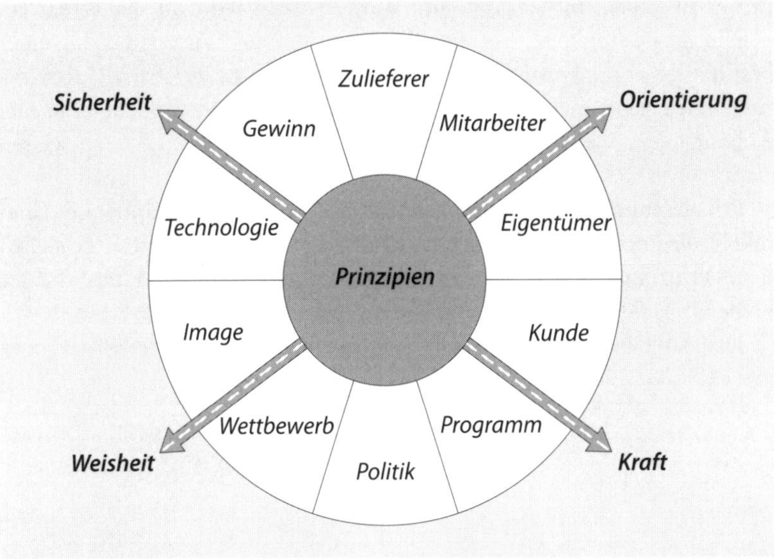

© FranklinCovey

Menschen verfügen auch prinzipienorientierte Unternehmen über mehr Sicherheit, Orientierung, Kraft und Weisheit.

Stellen Sie sich ein Unternehmen vor, das seine Sicherheit aus seinem Image oder aus dem Cashflow oder aus dem Vergleich mit der Konkurrenz oder aus den Beurteilungen der Kunden bezieht. Die Geschäftsleitung tendiert wahrscheinlich dazu, auf neue Entwicklungen oder auf Tagesereignisse entweder zu heftig oder zu schwach zu reagieren. Darüber hinaus kann man davon ausgehen, dass die Manager das Geschäft (und das Leben überhaupt) als ein Nullsummenspiel sehen, dass sie die Erfolge anderer als Bedrohung empfinden und sich dementsprechend über deren Niederlagen freuen. Wenn jedoch Sicherheit auf der Schwäche anderer basiert, lassen wir uns in Wirklichkeit von dieser beherrschen.

Wirkliche Stärke besitzt, wer die Prinzipien *und* ihre praktische Bedeutung verstanden hat und sie auf allen Unternehmensebenen anwendet. Die Praxis beantwortet die Frage nach dem *Was*, die Prinzipien dagegen die Frage nach dem *Warum*. Man muss die Prinzipien einer bestimmten Aufgabe verstehen, weil man sonst handlungsunfähig wird, sobald sich die

Situation verändert und andere Handlungsweisen nötig sind, um weiterhin Erfolg zu haben. In der Aus- und Weiterbildung wird oft der Fehler gemacht, dass Fähigkeiten vermittelt werden, um das Wie zur Lösung einer bestimmten Aufgabe zu erklären. Wenn jedoch nicht gleichzeitig auch die zugrundeliegenden Prinzipien gelehrt werden, führt dies die Schüler in eine Abhängigkeit, weil sie immer wieder auf neue Anleitungen angewiesen sind.

Prinzipienorientierte Führungskräfte sind Frauen und Männer mit Charakter, die kompetent und nach natürlichen Prinzipien arbeiten. Sie stellen diese Prinzipien in das Zentrum ihres Lebens, ihrer Beziehungen, ihrer Pläne, ihres Führungsverhaltens und der Unternehmensziele.

Die Aufgabe heißt Licht sein, und nicht Schatten; Vorbild sein, und nicht Kritiker.

Teil 1

Effektivität im persönlichen und zwischenmenschlichen Bereich

Einleitung

Schon seit längerer Zeit bin ich der Meinung, dass für persönliche Entwicklungsprozesse Modelle gewählt werden sollten, die ein schrittweises Vorgehen ermöglichen. Ich habe nämlich den Eindruck, dass Produkte und Dienstleistungen, die »schnelle, einfache, problemlose« Resultate in Aussicht stellen – gleichgültig, ob es sich um eine Diät oder einen Sprachkurs handelt –, nicht auf den richtigen Prinzipien beruhen. Trotzdem bedient sich fast jeder Werbespot eines dieser Adjektive, um uns zum Kauf anzuregen. Kein Wunder, dass viele Menschen auch auf Instant-Lösungen zurückgreifen möchten, wenn es um ihre Persönlichkeitsentwicklung geht. Erfolg über Nacht ist gefragt.

Im nun folgenden Teil des Buches möchte ich darlegen, dass eine wirkliche charakterliche Weiterentwicklung ohne die Beachtung der Naturgesetze und der leitenden Prinzipien nicht möglich ist. Erst sie geben uns die Kraft, uns von der Vergangenheit und von alten Gewohnheiten zu lösen, unsere Paradigmen zu verändern und primäre Größe und zwischenmenschliche Effektivität zu erlangen.

Natürlich leben wir nicht allein und isoliert auf einer Insel. Wir werden in eine Familie hineingeboren, wir wachsen in einem sozialen Umfeld auf, besuchen Schule und Universität, schließen uns Vereinen an. Im Berufsleben erfahren wir schnell, wie wichtig es ist, mit anderen Menschen umgehen zu können, und zwar auf effektive Weise. Wenn wir die Prinzipien der interpersonalen Effektivität nicht anwenden, stagniert unsere Entwicklung.

Deshalb beschreibe ich nun die Einstellungen, Fähigkeiten und Strategien, die man benötigt, um vertrauensvolle Beziehungen zu anderen Menschen aufzubauen und zu pflegen. Sobald wir eine relative Unabhängigkeit erlangt haben, müssen wir uns weiterbemühen und eine effektive Interdependenz mit anderen anstreben. Einfühlungsvermögen und Synergie heißen die Stichworte, wenn wir pro-aktiv und produktiv sein wollen.

Konfliktlösungen

Die großen Umwälzungen in der Geschichte der Menschheit fanden immer dann statt, wenn alte Denkweisen, Modelle und Paradigmen als falsch erkannt und durch neue ersetzt wurden. Die prinzipienorientierte Führung ist ein solches aufbrechendes Paradigma – eine neue Denkweise, die hilft, die typischen Konflikte des modernen Lebens zu lösen:

- Wie schaffen wir ein vernünftiges, beständiges Gleichgewicht zwischen Arbeit und Familie und zwischen persönlichen und beruflichen Ambitionen, wenn eine Krise der anderen folgt?
- Wie stellen wir in einer komplexen Welt einfache und geordnete Strukturen her?
- Wie behalten wir die Orientierung, wenn gute »Landkarten« (Strategien und Pläne) immer schneller veralten?
- Wie schaffen wir es, den Schwächen anderer mit Mitgefühl und Verständnis statt mit Vorwürfen und Selbstgerechtigkeit zu begegnen?
- Wie ersetzen wir Vorurteile (»Schubladendenken« zum Zwecke der Manipulation) durch Respekt und Neugierde, um andere in ihren Leistungen zu fördern?
- Wie schöpfen wir Kraft und geben sie an andere weiter?
- Wie unterstützen wir andere in ihrem Bemühen, sich zu verändern, ohne dabei mehr Schaden als Nutzen anzurichten?
- Wie können wir Teams aufbauen, deren Mitglieder sich respektieren?
- Wie schöpfen wir neue Energien, um zu lernen und uns weiterzuentwickeln?

Für die Beantwortung all dieser Fragen ist es entscheidend, die Grundprinzipien der effektiven persönlichen Führung zu verstehen. Danach sind Sie in der Lage, auf diese und andere wichtige Fragen selbst eine Antwort zu finden.

Vier Ebenen, vier Prinzipien

Ein Mensch, der die Grundsätze der prinzipienorientierten Führung beachtet, handelt von innen heraus auf vier Ebenen:

1. *auf der persönlichen Ebene:* die Beziehung zu sich selbst;
2. *auf der zwischenmenschlichen Ebene:* Beziehungen und Interaktionen mit anderen;
3. *auf der Führungsebene:* Verantwortung für die Durchführung von Aufgaben mit anderen Menschen;
4. *auf der Unternehmensebene:* das Bedürfnis, sinnvoll zu organisieren – Mitarbeiter einzustellen, fortzubilden, zu bezahlen, Teams aufzubauen, Probleme zu lösen und die dazu erforderlichen Strukturen und Strategien zu schaffen.

Jede Ebene ist notwendig, aber für sich alleine nicht ausreichend. Wir müssen auf allen diesen Ebenen bestimmte Prinzipien beachten. Zunächst werde ich mich auf die ersten beiden Prinzipien konzentrieren:

- *Glaubwürdigkeit auf der persönlichen Ebene.* Zur Glaubwürdigkeit eines Menschen gehören Charakter – Wer ist er? – und Kompetenz – Was kann er? Wenn man ihm in charakterlicher Hinsicht vertraut, an seiner Kompetenz aber zweifelt, dann herrscht kein wirkliches Vertrauen. Viele Menschen verlieren im Laufe der Zeit ihre berufliche Glaubwürdigkeit, weil sie denken, dass sie ihre fachliche Weiterentwicklung ungestraft vernachlässigen könnten. Ohne Charakter und Kompetenz sind wir jedoch nicht glaubwürdig und können Entscheidungen nicht mit dem nötigen Sachverstand treffen. Eine gezielte und kontinuierliche berufliche Entwicklung ist die Voraussetzung für Glaubwürdigkeit und Vertrauen.
- *Vertrauen auf der zwischenmenschlichen Ebene.* Auf dem Fundament der Glaubwürdigkeit des Einzelnen entsteht das Vertrauen in zwischenmenschlichen Beziehungen. Vertrauen ist wie ein emotionales Bankkonto: Wenn der Inhaber über ein Guthaben verfügt, kann er es sich leisten, Win-win-Leistungsvereinbarungen zu treffen. Ein befriedigender Austausch, gegenseitiges Verständnis, Synergie und produktive Interdependenz werden möglich. Eine eventuell bestehende fachliche Inkompetenz kann durch entsprechende Trainings- und Entwicklungsmaßnahmen behoben werden. Bei charakterlichen Defiziten gilt es, die innere Sicherheit zu erhöhen und vertrauensvolle Beziehungen wieder aufzubauen, etwa durch Vorsätze und Versprechen, die dann auch eingehalten werden müssen.

Grafik 3: Die vier Ebenen der prinzipienorientierten Führung und die Schlüsselprinzipien

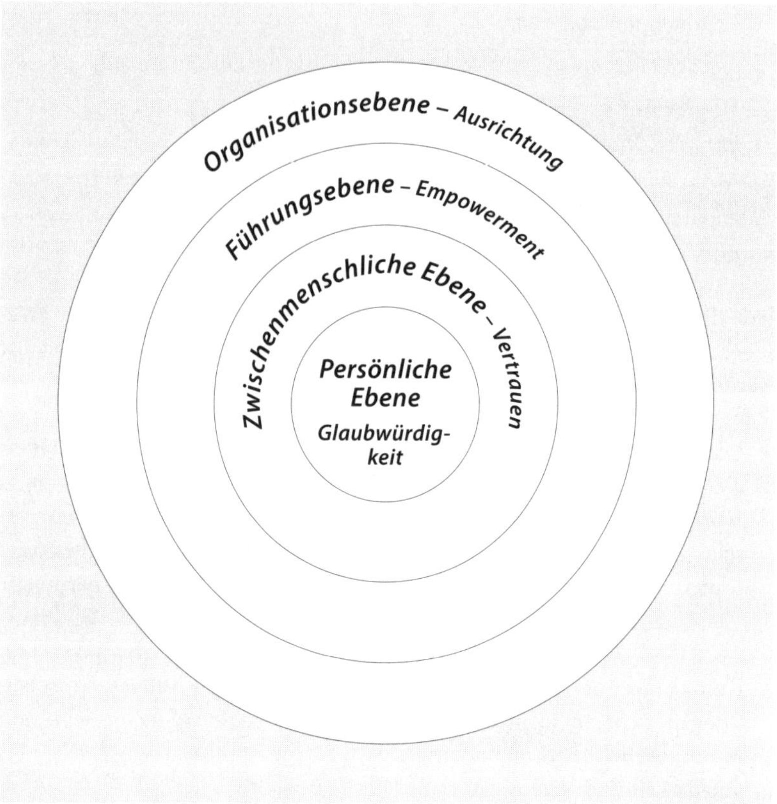

© FranklinCovey

Ob in privaten Beziehungen oder im Geschäftsleben, in der Industrie, im Erziehungswesen oder in der Regierung – über Erfolg und Misserfolg entscheidet letztlich der Faktor Vertrauen.

Kapitel 1

Kennzeichen prinzipienorientierter Führungspersönlichkeiten

Menschen, die prinzipienorientiert führen, zeichnen sich durch acht Eigenschaften aus, auf die ich im Rahmen meiner beruflichen Tätigkeit immer wieder gestoßen bin. Sie finden sich jedoch nicht nur bei effektiven Führungspersönlichkeiten, sondern auch bei allen anderen Menschen, die Fortschritte in ihrer Persönlichkeitsentwicklung machen. Ich werde auf jede dieser Eigenschaften kurz eingehen.

Sie hören nie auf zu lernen

Prinzipienorientierte Menschen lernen aus ihren Erfahrungen. Sie lesen, bemühen sich um ihre Weiterbildung, besuchen Kurse, hören anderen zu und nutzen jede Gelegenheit, Unbekanntem auf den Grund zu gehen. Sie sind neugierig und stellen Fragen. Sie stellen fest: Je mehr sie wissen, desto bewusster wird ihnen, dass sie nichts wissen. Die Energie für einen solchen permanenten Lernprozess gewinnen sie aus sich selbst.

Fähigkeiten lassen sich am besten entwickeln, wenn man lernt, Vorsätze zu fassen und dann auch einzuhalten. Fangen Sie klein an: Fassen Sie einen Vorsatz und halten Sie sich daran, bis Sie glauben, sich etwas besser unter Kontrolle zu haben. Nun nehmen Sie die nächste Stufe in Angriff. Geben Sie sich ein Versprechen und halten Sie es, bis Sie auch hier sicher sind, selbstbestimmt zu handeln. So wächst Ihr Selbstwertgefühl, und Sie werden von Tag zu Tag sicherer, weil Sie wissen, dass Sie selbst über Ihr Handeln bestimmen können. Außerdem entwickeln Sie das Vertrauen, das nötig ist, um die nächsthöhere Stufe zu bewältigen.

Dieser Prozess muss ernsthaft betrieben werden. Wenn Sie festen Vorsätzen wiederholt untreu werden, leidet Ihre Selbstachtung darunter. Darüber hinaus sinkt Ihre Bereitschaft, einen erneuten Versuch zu unternehmen und weiter an sich zu arbeiten.

Sie handeln für andere

Menschen, die nach Prinzipien führen, sehen ihr Arbeitsleben als Berufung und nicht als verheißungsvolle Karriere. Diese Sichtweise wurde ihnen schon mit der Erziehung vermittelt. Jeden Tag wird ihnen aufs Neue bewusst, dass sie für das Wohl anderer Menschen nur sorgen können, wenn sie ihre eigenen Bedürfnisse zurückstellen.

Stellen Sie sich vor, die Aufgaben eines Tages liegen auf einem Wagen. Jeden Morgen würden Sie ihr Geschirr anlegen. Sie nehmen die Riemen und legen sie um ihre Schultern, während Sie sich auf alle Anforderungen vorbereiten. Stellen Sie sich nun vor, ein anderer Mensch spannt Sie ins Joch. Oder Sie sind mit einem Menschen neben Ihnen angeschirrt – einem Mitarbeiter oder Ehepartner –, und Sie lernen, gemeinsam mit dieser Person zu ziehen.

Ich lege so viel Wert auf das Denken und Handeln für und mit anderen, weil ich zu der Überzeugung gekommen bin, dass man nicht prinzipienorientiert führen kann, ohne eine Last zu tragen. Prinzipienorientiertes Führen ist keine intellektuelle oder moralische Trockenübung. Erst Verantwortungsgefühl und die Bereitschaft zur Teilnahme machen daraus ein wirklich sinnvolles und erfolgversprechendes Unterfangen.

Sie strahlen positive Energie aus

Prinzipienorientierte Menschen sind heiter und ausgeglichen, sie wirken optimistisch und positiv. Von ihnen gehen Begeisterungsfähigkeit und Zuversicht aus.

Diese positive Energie umgibt sie wie eine Aura, die schwächere oder negative Felder in ihrer Umgebung auflädt oder verändert. Außerdem ziehen sie Menschen mit ähnlichen positiven Feldern an und verstärken diese. Umgekehrt verhält es sich, wenn sie mit starken negativen Energien in Berührung kommen: Sie werden neutralisiert oder umgangen. Ihre Erfahrung hilft diesen Menschen zu erkennen, mit welchen Feldern sie es zu tun haben, und sie gibt ihnen den nötigen Humor für den Umgang mit ihnen.

Wie wirken Ihre eigenen Energien auf andere? Welche Aura geht von Ihnen aus, und in welche Richtung wirkt sie? Versuchen Sie, inmitten negativer Energien Frieden zu stiften oder Harmonie herbeizuführen, indem sie destruktive Potenziale neutralisieren oder in positive Energie umwandeln! Sie werden feststellen, welche Macht die positive Energie gewinnt, wenn sie mit dem nachfolgend beschriebenen Merkmal kombiniert wird.

Sie glauben an andere Menschen

Prinzipienorientierte Menschen zeigen keine Überreaktionen auf Kritik oder menschliche Schwächen. Es bereitet ihnen keine persönliche Befriedigung, anderen einen Fehler nachweisen zu können. Dabei sind sie keinesfalls naiv, denn sie nehmen die Schwachpunkte durchaus wahr. Aber sie wissen, dass das Verhalten und das Potenzial eines Menschen zwei Paar Schuhe sind und glauben an seine verborgenen Fähigkeiten. Sie sind dankbar für ihre Gaben und Talente, können Kränkungen vergeben und vergessen und tragen nie alten Groll mit sich herum. Sie weigern sich, andere Menschen in Schubladen zu stecken oder ihnen ein Etikett aufzukleben. Stattdessen sehen sie im Samen schon den Baum und wissen, wie man ihm dazu verhilft, groß und kräftig zu werden.

Meine Frau und ich mussten einmal feststellen, dass wir einen unserer Söhne in eine Schublade gesteckt hatten. Dabei rechtfertigte sein Verhalten unsere Reaktion durchaus. Erst als wir uns wirklich darauf einließen, sein Potenzial wahrzunehmen, sahen wir ihn in einem anderen Licht. Weil wir an seine verborgenen Fähigkeiten zu glauben begannen, verschwanden die alten Etiketten ganz von alleine, und wir konnten endlich mit unseren Versuchen aufhören, ihn über Nacht zu verändern. Wir wussten, dass sein Potenzial sich zur rechten Zeit entfalten würde. Genau so geschah es dann zum großen Erstaunen seiner Umgebung, einschließlich einiger Mitglieder der Familie. Meine Frau und ich wunderten uns nicht, weil wir wussten, wer er wirklich war.

Der Satz »Glauben bedeutet sehen« beweist sich immer wieder aufs Neue. Wir müssen deshalb versuchen, an das verborgene Potenzial eines jeden Menschen zu glauben. So schaffen wir ein gutes Klima für Wachstum. Ich-bezogene Menschen glauben, der Schlüssel müsse in ihnen selbst liegen, in ihren Techniken und Methoden. Damit stoßen sie aber bald an Grenzen. Wenn man dagegen auch anderen Menschen Entwicklungsmöglichkeiten zugesteht, fällt es viel leichter, sich zurückzunehmen und den Dingen ihren Lauf zu lassen. Jedenfalls wirken die Erwartungen, die man in Bezug auf andere Menschen hat, so stark, dass sie fast zwangsläufig in Erfüllung gehen.

Sie sind mit sich im Gleichgewicht

Sie lesen und halten sich über das Weltgeschehen informiert. Sie haben viele Freunde und einige Vertraute. Sie verfolgen viele Interessen und nutzen jede Gelegenheit, um zu beobachten und dazuzulernen. Innerhalb der Grenzen, die ihnen Alter und Gesundheit setzen, sind sie körperlich aktiv. Sie können schöne Dinge genießen, haben einen gesunden Sinn für Humor, der nicht auf Kosten anderer geht. Man glaubt ihnen sofort, dass sie auch sich selbst gegenüber ehrlich sind.

Sie wissen um ihren Wert. Das erkennt man daran, dass sie nicht das Bedürfnis haben, ihn durch Statussymbole, Titel oder den Verweis auf ihre Leistungen zu erhöhen. Sie können offene und direkte Gespräche führen und manipulieren andere nicht. Ihr Sinn für das Angemessene lässt sie eher untertreiben als übertreiben.

Extreme liegen ihnen ebenso wenig wie Schwarz-Weiß-Malerei. Sie denken in Prozessen, ordnen nach Prioritäten und treffen Entscheidungen nach Gewichtung. Sie können Situationen unterscheiden und zuordnen. Das bedeutet nicht, dass sie nur situationsgebunden reagieren. Sie setzen sich für das Gute ein und bekämpfen das Böse.

Ihr Handeln wird vom Grundsatz der Verhältnismäßigkeit bestimmt. Sie sind keine Workaholics und keine religiösen Eiferer, keine politischen Fanatiker und keine Diätapostel, nicht eß- und vergnügungssüchtig. Sie unterwerfen sich nicht sklavisch ihren Plänen und Terminkalendern. Sie quälen sich nicht nach jedem Fehler oder Patzer mit Selbstvorwürfen. Sie brüten nicht über Vergangenes oder geben sich Tagträumen über die Zukunft hin. Stattdessen verstehen sie es, vernünftig in der Gegenwart zu leben, die Zukunft angemessen zu planen und sich veränderten Umständen flexibel anzupassen. Sie besitzen die Fähigkeit zur Selbstkritik ohne Selbstzerfleischung und konzentrieren sich auf Aufgaben, die innerhalb ihres Einflussvermögens stehen, statt Unerreichbarem nachzujagen.

Sie wollen andere Menschen weder einschüchtern noch manipulieren. Stattdessen können sie sich aufrichtig über deren Erfolge freuen, weil sie nicht das Gefühl haben, ihr Stück vom Kuchen würde dadurch kleiner. Lob nehmen sie entgegen, ohne dass es ihnen zu Kopf steigt, und Kritik, ohne sich angegriffen zu fühlen. Sie sehen den Erfolg als Kehrseite des Misserfolgs. Versagen kann einzig und allein derjenige, der aus seinen Erfahrungen nicht lernt.

Sie sehen das Leben als ein Abenteuer

Prinzipienorientierte Menschen kosten das Leben aus. Weil ihre Sicherheit von innen und nicht von außen kommt, brauchen sie kein Schubladendenken und keine Stereotype, an denen sie sich festhalten müssten. Sie haben die Fähigkeit, vertraute Gesichter und bekannte Situationen neu zu entdecken, so als sähen sie sie das erste Mal. Sie sind wie Forscher, die auf eine Expedition in unbekannte Regionen ziehen; sie wissen nicht, was sie erwartet, aber sie glauben fest daran, dass sie etwas Aufregendes erleben, neue Gebiete entdecken und neues Wissen erschließen werden. Ihre Sicherheit liegt in dem begründet, was sie selbst mitbringen: Initiative, Kreativität, Willen, Mut, Durchhaltevermögen und Intelligenz. Sie können auf die Sicherheit, den Schutz und die Annehmlichkeiten ihrer Häuser oder der Umgebung, in der sie sich zuhause fühlen, verzichten.

Sie betrachten bekannte Menschen immer wieder mit neuen Augen – weil sie sich für sie interessieren und bereit sind, von ihnen zu lernen. Sie heften ihnen keine Etiketten an, nur weil sie sich irgendwann einmal Verdienste erworben oder Niederlagen erlitten haben. Weder ein hochrangiges Mitglied der Regierung noch ein Prominenter können sie alleine durch ihren Status in den Bann ziehen. Sie sind in der Lage, sich auf alle Situationen einzustellen, mit denen sie konfrontiert werden. Zu ihren festen Prinzipien gehört Flexibilität. Sie führen ein erfülltes Leben.

Sie ermöglichen Synergie

Synergie bedeutet, dass das Ganze mehr ist als die Summe seiner Teile. Nach diesem Grundsatz handeln prinzipienorientierte Menschen. Sie wirken als Katalysatoren für Veränderungen, indem sie fast jeder Situation, in der sie sich befinden, etwas Gutes abgewinnen. Sie arbeiten ebenso klug wie hart. Sie finden neue und kreative Wege und sind dabei erstaunlich produktiv.

Im Team bauen sie auf ihre Stärken und versuchen, Schwachpunkte auszugleichen. Das Delegieren fällt ihnen leicht, weil sie ganz selbstverständlich an die Stärken und Fähigkeiten ihrer Mitarbeiter glauben. Weil sie sich nicht bedroht fühlen, wenn andere ihnen in manchen Dingen überlegen sind, verspüren sie auch nicht das Bedürfnis nach strenger Kontrolle.

Wenn prinzipienorientierte Führungskräfte in Verhandlungen sind, bei denen es scheinbar unvereinbare Gegensätze gibt, sind sie in der Lage, den Menschen von der Sache zu trennen. Sie konzentrieren sich auf die Interessen und Belange des anderen, statt um Standpunkte zu kämpfen. Allmählich bemerken ihre Gesprächspartner, dass sie es ehrlich meinen, und sie werden selbst ein Teil des kreativen Problemlösungsprozesses. So können sie gemeinsam synergetische Lösungen erarbeiten, die den ursprünglichen Vorschlägen fast immer weit überlegen sind. Und die besser sind als die meisten Kompromisslösungen, bei denen beide Parteien ein wenig geben und nehmen.

Sie bemühen sich um Selbsterneuerung

Sie üben sich regelmäßig in den vier Dimensionen der menschlichen Persönlichkeit: der physischen, mentalen, sozialen und spirituellen.

Sie treiben mäßig, aber regelmäßig Sport, etwa Aerobic, und achten dabei besonders auf das Training von Herz und Kreislauf. So steigern sie ihre Kondition und profitieren von den vielen anderen Vorteilen für Körper und Geist, die eine sportliche Betätigung bietet.

Den Geist halten sie durch Lesen, kreative Problemlösungsübungen, Schreiben und mentales Training wach. Auf sozialer Ebene versuchen sie, geduldig zu sein, anderen mit echter Anteilnahme zuzuhören, bedingungslos zu lieben und die Verantwortung für das eigene Leben und die eigenen Entscheidungen zu übernehmen. In spiritueller Hinsicht konzentrieren sie sich auf das Gebet und das Studium der Bibel, sie meditieren und fasten.

Ich bin überzeugt davon, dass jeder Mensch, der sich täglich eine Stunde lang in diesen vier Dimensionen übt, die Qualität, die Produktivität und die Erfülltheit jeder anderen Stunde des Tages steigern kann – und er wird tiefer und erholsamer schlafen.

Keine andere Stunde des Tages wird so viel einbringen wie diese, in der Sie Ihre Persönlichkeit ausbilden. Sie bemerken bald in den unterschiedlichsten Situationen, wie positiv sich diese Investition auf Ihr Leben auswirkt.

Manche Übungen lassen sich in den normalen Tagesablauf eingliedern, andere müssen geplant werden. Sie nehmen zwar Zeit in Anspruch, aber langfristig gesehen sparen sie auch Zeit. Wer sägt, muss ab und zu innehalten, um seine Säge zu schärfen; wer eine Autofahrt macht, muss ans Tanken denken.

Diese eine Übungsstunde früh am Morgen ist schon ein privater Sieg und beinahe eine Garantie für die öffentlichen Siege während des Tages. Wer jedoch den Weg des geringsten Widerstandes wählt und das ganze Programm oder einen Teil davon vernachlässigt, verspielt bereits den privaten Sieg. Druck und Stress höhlen dann immer mehr aus.

Diese Prinzipien der Selbsterneuerung bringen allmählich einen starken und gesunden Charakter mit einem kraftvollen, disziplinierten, andere einbeziehenden Willen hervor.

Kapitel 2

Drei Vorsätze

Jedes Unternehmen – und jeder Einzelne – führt einen ständigen Kampf darum, seine zentralen Werte, ethischen Vorstellungen und Grundsätze aufeinander abzustimmen. Doch zu welchen persönlichen und unternehmerischen Einstellungen wir uns auch bekennen, wir stoßen immer wieder auf Gegenkräfte, Widerstände und Herausforderungen. Oft genug lassen wir uns dann zu Dingen hinreißen, die unseren eigentlichen Aufgaben, Absichten und Vorsätzen zuwiderlaufen.

Möglicherweise glauben wir, tief verwurzelte Gewohnheiten und Verhaltensmuster einfach ändern zu können, indem wir neue Vorsätze fassen. Aber unweigerlich stellen wir dann fest, wie schwer es ist, alte Gewohnheiten aufzugeben. Allen guten Absichten und Beteuerungen zum Trotz behaupten sich die gewohnten Muster jahraus, jahrein hartnäckig weiter.

Wenn wir an Silvester gute Vorsätze für das neue Jahr fassen, machen wir häufig zwei Fehler: *Erstens haben wir kein genaues Bild von uns selbst.* Unsere Gewohnheiten prägen unsere Identität, und wenn wir eine Gewohnheit ändern möchten, bedroht das unsere Sicherheit. Dabei übersehen wir jedoch, dass unsere Persönlichkeit und unsere Gewohnheiten zwei Paar Schuhe sind. Wir können uns Dinge angewöhnen, aber auch wieder abgewöhnen. Wir müssen keine Opfer der Umstände oder der Konditionierung sein. Wir können unser eigenes Drehbuch schreiben, unseren eigenen Weg wählen und über unser Schicksal selbst entscheiden.

Zweitens haben wir kein genaues Bild von unseren Zielen. Deshalb können wir unsere Vorsätze so oft nicht durchhalten. Wir lassen uns entmutigen und geben auf. Eine tief verwurzelte schlechte Gewohnheit durch eine gute Gewohnheit zu ersetzen, bedeutet viel mehr, als euphorisch auf eine einfache Erfolgsformel wie »Positiv denken« oder »Sich stärker bemühen« zu setzen. Es erfordert, sich selbst und die Grundsätze von Wachstums- und Veränderungsprozessen genau zu kennen. Dazu gehören Urteilskraft, Engagement, Feedback und Durchhaltevermögen.

Wir scheitern mit unseren guten Vorsätzen sehr schnell, wenn wir uns nicht regelmäßig mit anderen über unsere Fortschritte austauschen und ein objektives Feedback erhalten. Wer Rechenschaft über sein Verhalten ablegt, lernt *Verantwortungsfähigkeit.* Aus Engagement und Einbeziehung entstehen Veränderungen. Bei der Schulung von Führungskräften gehen wir in einzelnen, aufeinander aufbauenden Schritten vor, um Veränderungen herbeizuführen. Wir ermutigen die Führungskräfte, sich sofort Ziele zu setzen und Versprechen abzugeben und sich gegenseitig über ihre Fortschritte auf dem Laufenden zu halten.

Wenn Sie sich dem Sog der Vergangenheit entziehen wollen – den Kräften der Gewohnheit, Sitte und Kultur –, müssen Sie zunächst feststellen, wie viel Einsatz Sie aufbringen müssen. Dann sammeln Sie die notwendigen Ressourcen. Bei einem Raketenstart kann die immense Kraft der Erdanziehung nur mit enormen Schubkräften überwunden werden. Genau so ist es auch, wenn man alte Gewohnheiten überwinden will.

Um mit tief verwurzelten Gewohnheiten zu brechen – Unangenehmes nicht mehr vor sich herzuschieben, zu viel zu kritisieren, zu viel zu essen oder zu viel zu schlafen –, braucht es mehr als nur ein bisschen Willenskraft. Häufig reicht unsere eigene Entschlossenheit nicht aus. Wir brauchen Unterstützung: von Menschen und Strukturen, vor denen wir Rechenschaft ablegen müssen und die uns Verantwortung abverlangen.

Denken Sie daran: *Verantwortungsfähigkeit* bedeutet, selbst darüber zu entscheiden, wie man auf Umstände und Bedingungen reagiert. Wenn wir verantwortungsfähig sind, behalten unsere guten Vorsätze die Oberhand über unsere Launen und die äußeren Umstände. Wir können beispielsweise den ersten Sieg des Tages erringen – einen täglichen persönlichen Triumph –, indem wir uns überwinden und morgens früh aufstehen. So beginnen wir den Tag im Bewusstsein, zur Selbstbeherrschung fähig zu sein, und sind eingestimmt auf die späteren Siege des Tages. Mit jeder neuen Herausforderung setzen wir neue Kräfte in uns frei, die uns zu neuen Höhenflügen antreiben.

Universale Vorsätze

In unserem Leben sind starke Kräfte am Werk, die jeden neuen Vorsatz gefährden. Dazu gehören Gelüste und Leidenschaft, Stolz und Anmaßung sowie Ehrgeiz und Ambition. Wir können diese Bremskräfte überwinden, indem wir die folgenden drei Vorsätze fassen und einhalten:

Vorsatz Nr. 1

Um die Bremskräfte der Gelüste und Leidenschaften zu überwinden, nehme ich mir vor, Selbstdisziplin und Mäßigung zu üben.

Immer wenn wir unseren körperlichen Begierden zu sehr nachgeben, schaden wir unseren geistigen Beschäftigungen und sozialen Beziehungen. Der menschliche Körper ist ein Ökosystem, und wenn ein Bestandteil aus dem Gleichgewicht gerät, wirkt sich das auf das System insgesamt aus.

Aus diesem Grund ist die Gewohnheit, regelmäßig die Säge zu schärfen, von so grundlegender Bedeutung. Die Grundsätze der Mäßigung, Konsistenz und Selbstdisziplin bestimmen unser gesamtes Leben. Vertrauen erwächst aus Vertrauenswürdigkeit – und diese wiederum aus Kompetenz und Charakter. Mit Unbeherrschtheit dagegen beeinträchtigen wir unser Urteilsvermögen und unsere Weisheit.

Mir ist bewusst, dass es Menschen gibt, die trotz ihrer Unbeherrschtheit stark und sogar genial zu sein scheinen. Aber irgendwann holt ihre Schwäche sie ein. Viele der »Reichen und Berühmten« haben ihren Reichtum und Glauben, ihren Erfolg und ihre Effektivität verloren, weil sie unbeherrscht waren. Entweder beherrschen wir unsere Begierden, oder sie beherrschen uns.

Viele Unternehmen und Städte sind mit einer veralteten Infrastruktur ausgestattet. Analog dazu haben viele Führungskräfte einen alternden Körper, der es ihnen zunehmend schwer macht, Selbstbeherrschung zu üben. Mit dem Alter ändert sich der Stoffwechsel. Um gesund zu bleiben, muss man sich immer mehr anstrengen und Weisheit an den Tag legen. Mit zunehmendem Alter wird das Spannungsfeld zwischen Selbstdisziplin und Mäßigung einerseits und dem Wunsch nach Entspannung und Genuss stärker. Wir haben das Gefühl, dass wir unsere Pflicht erfüllt haben und deshalb loslassen dürfen. Aber wenn wir zu nachgiebig mit uns selbst sind – zu viel essen, zu wenig schlafen oder keinen Sport treiben –, schadet das der Qualität unseres Privatlebens und unserer beruflichen Arbeit.

Wenn wir die Sklaven unseres Bauchs werden, beherrscht unser Bauch bald unseren Geist und Willen. Es ist sehr unklug, seinem Körper Dinge zuzuführen, die schädlich sind oder süchtig machen. In Amerika sterben mehr Menschen an zu reichlichem als an fehlendem Essen. »Ich habe wenige vor Hunger sterben sehen – vom Essen aber hunderttausend«, beobachtete Ben Franklin. Wer zu viel isst und sich zu sehr gehen lässt, verliert die Sensibilität gegenüber den Bedürfnissen anderer, wird unzufrieden mit sich selbst und reagiert diese Unzufriedenheit dann oft bei der nächstbesten Gelegenheit an anderen ab.

Viele Menschen erliegen ihrem Wunsch nach mehr Schlaf, mehr Ruhe und mehr Freizeit. Wie oft stellen Sie den Wecker oder nehmen sich vor, früh aufzustehen, weil Sie den nächsten Tag entspannt bei einem ordentlichen Frühstück beginnen und sich auf die zahlreichen Anforderungen des Tages einstellen möchten?

Aber kaum klingelt der Wecker, lösen sich die guten Vorsätze in Luft auf. Sie kämpfen mit sich und drehen sich doch noch einmal um. Dann stehen Sie zu spät auf, ziehen sich hektisch an, trinken im Vorbeigehen einen Kaffee und stürzen aus dem Haus. In der Eile werden Sie ungeduldig und gereizt. Und all das nur, weil Sie zu lange geschlafen haben!

Eine ganze Kette unglücklicher Ereignisse und beklagenswerter Folgen ergibt sich daraus, dass Sie den ersten guten Vorsatz des Tages nicht eingehalten zu haben – zu einer bestimmten Zeit aufzustehen. Der Tag beginnt mit einer Niederlage und könnte auch so enden. Der zusätzliche Schlaf ist das kaum wert. Tatsächlich führt ein solcher Schlaf letztlich zu Ermüdung und Erschöpfung.

Was für einen Unterschied macht es dagegen, wenn Sie sich schon am Abend auf den nächsten Tag einstellen und zu einer vernünftigen Zeit ins Bett gehen. Ich halte die letzte Stunde vor dem Schlafengehen für die beste Zeit, um den nächsten Tag zu planen. Beim Weckerklingeln stehen Sie auf und bereiten sich in Ruhe auf den Tag vor. Ein solcher persönlicher Sieg am frühen Morgen gibt Ihnen das Grundgefühl, die Kontrolle zu haben und Schwieriges meistern zu können. Von diesem Grundgefühl getragen, werden Sie dann im Lauf des Tages weitere Herausforderungen bewältigen. Ein Erfolg führt zum nächsten. Wer den Tag mit einem Sieg über sich selbst beginnt, wird auch weitere Siege erringen.

Vorsatz Nr. 2

Um die Bremskräfte des Stolzes und der Anmaßung zu überwinden, nehme ich mir vor, an meinem Charakter und meiner Kompetenz zu arbeiten.

Sokrates sagte: »Der beste Weg zu einem ehrenwerten Leben besteht darin, das zu sein, was wir vorgeben zu sein.« Wir müssen uns also darum bemühen, das Bild, das wir anderen von uns vermitteln möchten, tatsächlich zu leben. Ein positives Image spielt eine wichtige Rolle, und der soziale

Spiegel beeinflusst unser Selbstbild sehr stark. Aber der Druck, mächtig, erfolgreich und schön zu wirken, verleitet manche Menschen dazu, sich zu verbiegen.

Wenn Sie in Harmonie mit Ihren Kernwerten und Grundsätzen leben, können Sie direkt, ehrlich und aufrichtig sein. Nichts verstört Menschen, die ihre Umgebung blenden wollen, mehr als schlichte Aufrichtigkeit – denn damit können sie nicht umgehen.

Ich war mit meinem Buch *Die sieben Wege zur Effektivität* auf einer längeren Medientour und erkannte dabei, welche Bedeutung der Unterhaltungsaspekt des Programms für mein Publikum hatte. Neulich war ich in San Francisco und kam auf den Gedanken, mein Interview etwas kontroverser zu gestalten, indem ich mich auf politisches Terrain begab. Aber meine Kommentare führten dazu, dass das Gespräch völlig vom Thema abkam. In allen Wortmeldungen wurden nur noch meine politischen Äußerungen kommentiert. Ich verlor letztlich die Kontrolle über meine Präsentation.

Immer wenn wir einem Bedürfnis nachgeben, lassen wir uns auch leicht von unserem Stolz und unserer Anmaßung verführen. Wir fangen dann an, uns aufzuspielen, in Rollen zu schlüpfen und andere zu manipulieren.

Wenn wir unser Selbstbild davon abhängig machen, was andere von uns denken – also von unserem sozialen Spiegelbild –, konzentrieren wir uns zu sehr auf deren Wünsche und Erwartungen. Je mehr wir versuchen, die Erwartungen anderer zu erfüllen, desto schwächer und unsicherer werden wir. So möchte ein junger Nachwuchsmanager bei seinen Vorgesetzten, Kollegen und Untergebenen beliebt sein, er entdeckt jedoch, dass diese Gruppen unterschiedliche Erwartungen an ihn richten. Er glaubt, die anderen vor den Kopf zu stoßen, wenn er sich selbst treu bleibt, und fängt deshalb an, eine Rolle zu spielen. Er gibt sich anders, als er eigentlich ist, um nicht anzuecken und sich nicht unbeliebt zu machen. Langfristig aber gibt er ein schwaches Bild ab, wenn er versucht, es allen recht zu machen. Sein wahres Ich kommt irgendwann zum Vorschein, und die Fassade bröckelt ab. Dann verliert er seine Selbstachtung und die Achtung der anderen obendrein.

Wenn eine Nachwuchsmanagerin ihre berufliche Entwicklung und Weiterbildung vernachlässigt, verliert sie schnell den Anschluss in einer Welt, die sich mit schwindelerregendem Tempo verändert. Vielleicht hat sie das Bedürfnis, nach den anstrengenden Studienjahren einmal eine Phase einzulegen, in der sie weniger hart arbeitet und die schönen Seiten des Lebens genießt. Aber diese Phasen häufen sich, und mit der Zeit stellt sie fest, dass ihre geistige Kraft, ihre Selbstdisziplin und ihr Selbstvertrauen schwinden. Sie beginnt, an den Folgen dieses Lebensstils zu leiden. Zu ihrem Entsetzen stellt sie fest, dass sie sich vom Leistungsdruck und den Erwartungen ihres Vorgesetzten unangenehm bedrängt fühlt, auch wenn sie sich mehr Zeit für ihre Arbeit nimmt.

Effektive Menschen führen ihr Leben und ihre Beziehungen nach Prinzipien. Ineffektive Menschen dagegen versuchen, ihre Zeit nach Prioritäten zu verwalten und ihre Aufgaben anhand von Zielen zu erledigen. Bei Menschen sollte Effektivität, bei Dingen Effizienz im Vordergrund stehen.

Gefühle wie Ärger, Hass, Neid, Eifersucht, Stolz und Voreingenommenheit – oder jede andere negative Emotion oder Leidenschaft – gehen häufig auf den Wunsch zurück, von anderen akzeptiert, gemocht und geschätzt zu werden. Wir möchten sofort ans Ziel gelangen. Aber letztlich gibt es keinen schnellen Weg zum dauerhaften Erfolg. Das Gesetz der Ernte gilt nach wie vor, auch wenn allerorten die Rede davon ist, wie das »System geschlagen werden kann«.

Vor einigen Jahren, als ich Dozent an der Marriott School of Management an der Brigham Young University war, besuchte mich ein Student in meinem Büro. Er bat mich um meine Einschätzung seiner Leistungen. Nachdem ich ihm dazu einiges gesagt hatte, konfrontierte ich ihn jedoch mit der Behauptung: »Sie sind aber doch nicht hergekommen, um von mir zu erfahren, was Sie im Kurs leisten. Sie möchten vielmehr herausfinden, wie ich Ihre Leistungen sehe. Denn Sie wissen selbst viel besser als ich, was Sie im Kurs leisten, oder?«

Er stimmte mir zu, und ich fragte ihn: »Wie schätzen Sie denn Ihre Leistungen ein?« Er gab zu, dass er einfach versuchte, halbwegs mitzukommen. Er führte eine Reihe von Gründen und Ausreden an, warum er sich zu wenig Mühe gab, den Stoff erst in letzter Minute paukte und immer den bequemsten Weg ging. Er kam zu mir, weil er wissen wollte, ob es funktionierte.

Wenn Menschen lange genug Rollen spielen und ihrer Eitelkeit und ihrem Stolz nachgeben, täuschen sie sich irgendwann auch selbst. Sie werden zum Spielball der äußeren Umstände und ihrer Umgebung. Sie führen einen ständigen Kampf darum, den falschen Anschein aufrechtzuerhalten. Wenn sie jedoch die Wahrheit über sich akzeptieren und das Gesetz der Ernte befolgen, können sie allmählich ein zutreffenderes Selbstbild entwickeln.

Wer jede Mode mitmachen möchte, landet in einem Kreislauf, der immer schneller wird, fast als würde man einem Schatten nachjagen. Die äußere Erscheinung allein verschafft niemals genug Zufriedenheit. Deshalb kann es sich als unser Verderben erweisen, wenn wir unsere Sicherheit auf Mode, Besitz oder Statussymbole begründen. Edwin Hubbell Chapin sagte: »Mode ist die Wissenschaft der Scheins: Sie erfüllt uns mit dem Wunsch, mehr zu *scheinen* als zu *sein.*«

Natürlich sollten wir uns für die Meinungen und Wahrnehmungen anderer interessieren, damit wir effektiver mit ihnen umgehen können. Aber wir dürfen ihre Meinungen nicht mit Fakten verwechseln und müssen entsprechend handeln oder reagieren.

Vorsatz Nr. 3

Um die Bremskräfte des zügellosen Ehrgeizes zu überwinden, nehme ich mir vor, meine Fähigkeiten und Mittel höheren Zwecken zu widmen und mich in den Dienst anderer zu stellen.

Wenn Menschen das Beste immer für sich haben möchten und immer danach fragen, wo ihr persönlicher Vorteil liegt, fehlt ihnen das ethische Verantwortungsbewusstsein. Weder setzen sie sich für hohe Grundsätze noch für eine gute Sache ein. Sie erheben sich lieber selbst zum Grundsatz.

Möglicherweise sprechen sie sogar die Sprache der ethischen Verantwortung, doch unter dieser Oberfläche treiben sie ihre eigenen Ziele voran. Vielleicht sind sie zielstrebig und arbeiten hart, aber sie übernehmen dabei keine ethische Verantwortung. Ihnen ist der Gedanke fremd, nichts *besitzen* zu wollen und sein Leben höheren Grundsätzen und Zielen zu widmen. Sie konzentrieren sich auf Macht, Wohlstand, Ruhm, Herrschaft und Besitz.

Für einen ethisch denkenden Menschen stellt jede wirtschaftliche Transaktion eine Prüfung seiner moralischen Verantwortung dar. Deshalb ist Bescheidenheit die Mutter aller Tugenden – denn sie fördert das ethische Verantwortungsbewusstsein.

Ehrgeizige Menschen sind um ihren eigenen Ruhm besorgt und verfolgen nur ihre eigene Agenda. Sie betrachten vielleicht sogar ihren Ehepartner oder ihre Kinder als Besitz und möchten von ihnen ein Verhalten erzwingen, das sie in der Achtung anderer vermeintlich steigen lässt oder ihre Beliebtheit erhöht. Eine so besitzergreifende Liebe ist zerstörerisch. Anstatt ethische Verantwortung zu übernehmen, filtern ehrgeizige Menschen alles im Leben durch die Frage: »Was springt für mich dabei heraus?« Ihre Mitmenschen werden dann automatisch Konkurrenten oder Feinde. Selbst ihre engen Beziehungen sind eher wettbewerbsorientiert als kooperativ. Um ihre Ziele zu erreichen, setzen sie verschiedene Methoden der Manipulation ein: Drohungen, Einschüchterung, Druck, Täuschung oder auch Charme.

Wer nicht bereit ist, sich in den Dienst einer guten Sache zu stellen, behauptet vielleicht, einen anderen Menschen, ein Unternehmen oder eine Sache zu lieben, missachtet aber häufig die sich daraus ergebenden Ansprüche an sie. Diese gegensätzlichen Motive oder Interessen bringen uns jedoch unweigerlich in einen Konflikt mit uns selbst – und dieser Konflikt mit uns selbst führt zu Konflikten mit anderen. Das Gegenteil dieser Gespaltenheit ist Integrität, das Einssein mit sich selbst. Zur Integrität finden wir, indem wir uns selbstlos in den Dienst anderer stellen.

Der Schlüssel zur Weiterentwicklung lautet zu lernen, Vorsätze zu fassen und sie einzuhalten. Die Selbstdisziplin spielt eine wichtige Rolle dabei, die drei großen Bremskräfte zu überwinden. »Nur ein geheimer Akt der Selbstdisziplin, nur eine Entscheidung gegen die Bequemlichkeit und für die Pflicht sind mehr wert als all die guten Gedanken, warmen Gefühle und leidenschaftlichen Gebete, hinter denen sich faule Menschen gern verstecken«, sagte John Henry Newman. »Die schlechteste Erziehung, die Selbstdisziplin lehrt, ist besser als die beste, die alles andere lehrt, aber nicht dieses«, drückte Sterling es aus.

Wenn wir diese drei universalen Vorsätze fassen und einhalten, fördern wir unsere persönliche Weiterentwicklung und können vielleicht sogar unseren Einfluss auf andere stärken.

Kapitel 3

Primäre Größe

Erich Fromm hat beobachtet, dass die Selbstentfremdung eines Menschen umso größer ist, je mehr er sich den Gesetzen des Persönlichkeitsmarktes – Wie gut verkaufe ich mich? – unterwirft.

Er schreibt: »Der moderne Mensch verhält sich wie ein Automat, der sich weder kennt noch versteht. Der einzige Mensch, den er kennt, ist derjenige, der er nach außen hin zu sein scheint, dessen bedeutungsloses Geplapper ein kommunikatives Gespräch, dessen synthetisches Lächeln jedes echte Lachen und dessen dumpfe Verzweiflung echten Schmerz ersetzt hat.«

Positive Persönlichkeitszüge stellen eine sekundäre Größe dar, auch wenn sie oft einen wesentlichen Anteil zum Erfolg beitragen. Die Persönlichkeit vor dem Charakter entwickeln zu wollen, bedeutet, Blätter ohne Wurzeln wachsen zu lassen.

Wenn wir uns auf Persönlichkeitstechniken und kommunikative Fertigkeiten konzentrieren, um soziale Interaktionen zu verbessern, dann kann es sein, dass wir unserem wahren Charakter gar nicht gerecht werden. Ein Baum ohne Wurzeln wirft nun einmal keine Früchte ab. Der private Sieg kommt vor dem öffentlichen Sieg. Selbstbeherrschung und Selbstdisziplin stehen am Anfang jeder guten zwischenmenschlichen Beziehung.

Es mag uns durchaus gelingen, mit Einflussstrategien und Taktiken andere Menschen zu dem zu bewegen, was wir wollen. Langfristig gesehen sät jede manipulative Absicht jedoch nur Misstrauen. Hinter allem, was wir tun, wird irgendwann nur noch ein eigennütziges Motiv vermutet. Selbst wenn wir die »richtige« Rhetorik, den richtigen Stil und sogar die richtigen Absichten haben, erlangen wir ohne Vertrauen weder primäre Größe noch anhaltenden Erfolg. Wer sich nur auf Techniken konzentriert, ähnelt dem Schüler, der kurz vor der Klassenarbeit anfängt zu pauken. Manchmal kommt er damit durch, vielleicht heimst er sogar gute Noten ein. Aber er wird seine Fächer nie beherrschen. Könnte man auf einem Bauernhof so sporadisch arbeiten – im Frühling nicht säen, den Sommer über faulenzen und dann im Herbst alle Kräfte sammeln, um die Ernte einzubringen? Nein, denn ein Bauernhof ist ein natürliches System. Daran lässt sich nicht rütteln, und wir müssen auch so handeln. Man kann nur ernten, was man auch gesät hat; alles andere führt zum Scheitern.

Das Gesetz der Ernte gilt auch für langfristige zwischenmenschliche Beziehungen. In manchen sozialen Umfeldern kommt man schnell zum Erfolg, indem man die »Spielregeln« lernt. Man hinterlässt etwa durch seinen Charme einen günstigen ersten Eindruck; oder man kommt durch Einschüchterung zum Ziel. Aber sekundäre Persönlichkeitszüge alleine haben in langfristigen Beziehungen keinen dauerhaften Wert. Wenn nicht gleichzeitig eine tief verwurzelte Integrität und fundamentale Charakterstärke vorhanden sind, treten früher oder später die wahren, eigennützigen Motive ans Tageslicht, und die Beziehungen scheitern.

Vielen Menschen mit sekundärer Größe – also sozialem Status, Ruhm, Reichtum oder Talent – fehlt es an primärer Größe oder Charakterstärke. Dieses Defizit wird gerade in ihren langfristigen Beziehungen deutlich, unabhängig davon, ob es sich um einen Geschäftspartner, Ehepartner, Freund oder ein eigenes Kind handelt. Der Charakter eines Menschen lässt sich nicht lange verbergen, denn er offenbart sich über viele Wege, nicht nur über Worte.

Natürlich können Menschen auch Charakterstärke besitzen, ohne über wichtige Kommunikationsfertigkeiten zu verfügen – auch das berührt die Qualität ihrer Beziehungen. Letzten Endes teilt sich das, was wir sind, jedoch weit deutlicher mit als alles, was wir sagen oder tun.

Wirkliche Selbstachtung erwächst aus Selbstbeherrschung, aus wahrer Unabhängigkeit und Orientierung nach dem Win-win-Prinzip. Wenn unsere Motive, Worte und Handlungen letztendlich mehr durch Interaktionstechniken (Persönlichkeitsethik) als durch unser wahres Ich (Charakterethik) bestimmt sind, bleibt die zugrundeliegende Unsicherheit nicht unbemerkt. Wir sind nicht fähig, effektive Beziehungen aufzubauen und zu pflegen.

Der Ausgangspunkt für jede Beziehung liegt in uns selbst. Auf dem Weg zur Unabhängigkeit üben wir uns darin, pro-aktiv zu sein, die richtigen Prinzipien zu finden, uns von Werten leiten zu lassen und als integre Menschen das Wesentliche vom Unwesentlichen in unserem Leben zu trennen. Wenn wir diese Stufe erreicht haben, können wir uns dafür entscheiden, interdependent zu werden: Dann sind wir in der Lage, erfüllte, dauerhafte, produktive Beziehungen zu anderen Menschen aufzubauen.

Akuter und chronischer Schmerz

Einerseits bieten zwischenmenschliche Beziehungen enorme Chancen, produktiver zu leben, sich für andere einzusetzen, zu wachsen und zu lernen; andererseits halten sie aber auch Schmerz und Frustration für uns bereit. Störungen in zwischenmenschlichen Beziehungen verursachen akute Schmerzen, denen wir uns nicht entziehen können.

Chronische Schmerzen entstehen, wenn es uns an Vision und Führung mangelt. Sie äußern sich in einem oft jahrelang anhaltenden, vagen Unbehagen. Gelegentlich unternehmen wir etwas gegen diesen Schmerz; weil er aber chronisch ist, gewöhnen wir uns daran und lernen, mit ihm zu leben.

Die akuten Schmerzen, die durch Beziehungsstörungen entstehen, können wir jedoch nicht ignorieren, weil sie zu intensiv sind. In der Regel greifen wir deshalb nach Mitteln, die uns vorgaukeln, unsere Symptome ließen sich im Schnellverfahren kurieren – mit einem Heftpflaster für die Persönlichkeitsethik. Wir begreifen nicht, dass der akute Schmerz einem tieferen, chronischen Problem entspringt. Wenn wir aber nur an den Symptomen herumdoktern, gehen die besten Bemühungen ins Leere. Bestenfalls wird der chronische Schmerz nur noch mehr verdeckt.

Die persönliche Effektivität bildet die Grundlage für die zwischenmenschliche Effektivität. Vor dem öffentlichen Sieg steht der persönliche Sieg. Charakterstärke und Eigenständigkeit sind das Fundament für authentische, effektive Interaktionen mit anderen Menschen.

Dag Hammarskjöld, der frühere UN-Generalsekretär, veranschaulichte diesen Gedanken einmal in einem sehr wichtigen Satz: »Es ist edler, sich ganz und gar einem anderen Menschen hinzugeben, als unermüdlich an der Rettung der Massen zu arbeiten.«

Mit anderen Worten: Jemand kann acht, zehn oder zwölf Stunden am Tag, fünf, sechs oder auch sieben Tage in der Woche für unzählige Menschen und Projekte arbeiten und trotzdem keine tiefe, sinnerfüllte Beziehung zum Ehepartner, zum heranwachsenden Sohn oder zu einem langjährigen Arbeitskollegen haben. Er würde weit mehr Charakterstärke benötigen – mehr Demut, Mut und Stärke –, um eine einzige dieser Beziehungen neu aufzubauen, als dafür, sich weiterhin für die vielen anderen einzusetzen.

Vor diesem Hintergrund gewinnt die Tatsache eine neue Bedeutung, dass ein Großteil der Probleme in Unternehmen aus den schlechten Beziehungen an ihrer Spitze resultieren – zwischen zwei Partnern, zwischen den Vorstandsmitgliedern oder zwischen dem Geschäftsführer und seinem Stellvertreter.

Drei Charakterzüge

Die folgenden drei Charakterzüge sind für die primäre Größe grundlegend:

- *Integrität.* Ich definiere Integrität als die Wertmaßstäbe, die wir uns setzen. Wenn wir eindeutige Werte vor Augen haben und täglich pro-aktiv danach handeln, entwickeln wir Selbstwahrnehmung und Selbstwert. Wir sind in der Lage, uns sinnvolle Ziele zu setzen und auf sie hinzuarbeiten. Wenn wir Vorsätze nicht verwirklichen und Verpflichtungen gegenüber anderen nicht einhalten können, nimmt man uns bald nicht mehr ernst, und Misstrauen breitet sich aus. Das wissen wir selbst ebenso gut wie andere.

- *Reife.* Ich definiere Reife als einen Zustand, in dem Mut und Rücksicht in einem ausgewogenen Verhältnis stehen. Ein Mensch, der mutig seine Gefühle und Überzeugungen ausspricht und gleichzeitig Rücksicht auf die Gefühle und Überzeugungen anderer nimmt, hat einen reifen, gefestigten Charakter. Fehlt ihm dagegen die innere Reife, versucht er, seine Stärke aus sozialem Status, Macht oder Reichtum abzuleiten.

  Während man mit Mut eher unmittelbare Ergebnisse erzielen kann, hat Rücksicht mehr mit dem langfristigen Wohlergehen von Menschen zu tun, die andere Bedürfnisse haben als wir. Im Grunde heißt die wichtigste Aufgabe in einem von Reife geprägten Management, den Lebensstandard und die Lebensqualität aller am Erfolg des Unternehmens beteiligten Menschen zu erhöhen.

- *Überfluss-Mentalität.* Wir sind der festen Überzeugung, dass das Leben allen Menschen genug bietet, um glücklich werden zu können. Eine solche Denkweise entspringt einem tief verwurzelten Selbstwertgefühl und persönlicher Sicherheit. Sie führt dazu, dass wir Anerkennung und Verantwortung ganz selbstverständlich teilen und so Freude und Erfüllung weitergeben. Damit eröffnen sich oft ganz neue Perspektiven und Chancen. Wir handeln aus dem Bewusstein heraus, dass die Möglichkeiten zur positiven Gestaltung von Beziehungen, ihrem Wachstum und ihrer Entwicklung, unbegrenzt sind.

  Die meisten Menschen leben jedoch nach dem Grundsatz, dass die erstrebenswerten Dinge im Leben nur in begrenztem Umfang vorhanden sind. Wenn jemand ein großes Stück vom Kuchen bekommt, muss sich ein anderer wohl oder übel mit einem entsprechend kleineren zufriedengeben. Ich nenne diese Einstellung das Nullsummenparadigma des Lebens. Den Menschen, die in diesen Kategorien denken, fällt es sehr schwer, Anerkennung, Macht oder Gewinne zu teilen. Sie haben auch große Schwierigkeiten, sich über Erfolge anderer aufrichtig zu freuen, selbst wenn es sich um Familienmitglieder oder enge Freunde und Bekannte handelt – oder manchmal gerade deshalb. Unbewusst befürchten sie, das Glück der anderen bedeute eine Einbuße für sie selbst.

Ein Mensch, der diese drei Eigenschaften – Integrität, Reife und die Überfluss-Mentalität – verinnerlicht hat, ist so gefestigt, dass seine Charakterentwicklung nicht von den richtigen oder falschen Techniken abhängt. Reifen Menschen wird Vertrauen entgegengebracht. Unreife Menschen, die von einer Krise in die nächste schliddern, die launenhaft und unberechenbar sind, deren Worte nicht mit ihren Taten übereinstimmen, werden feststellen, dass andere Menschen keinen Zugang zu ihnen finden – selbst dann nicht, wenn sie ihre Liebe oder Hilfe suchen. Sie fühlen sich nicht sicher genug, um ihre Meinungen und Gefühle offen auszudrücken.

Von innen nach außen

Dauerhafte Lösungen für Probleme, Glück und Erfolg kommen von innen heraus. Dagegen werden Menschen, die sich nur von äußeren Einflüssen leiten lassen, unglücklich und inaktiv. Sie sehen sich in der Opferrolle und schieben die Verantwortung für ihr Leben anderen Menschen und den widrigen Umständen zu.

Einige nahe Familienangehörige von mir haben in drei Krisenregionen der Welt gelebt: in Südafrika, Israel und Irland. Ich glaube, dass diese Länder mit so vielen Konflikten belastet sind, weil ihr gesellschaftliches Paradigma von außen nach innen weist.

Von innen nach außen zu leben heißt, dass wir unser eigenes Leben bewusst steuern und kurzfristige Wünsche höheren Zielen und Prinzipien unterordnen. Nur dann können wir Vertrauen entwickeln, welches zu Win-win-Vereinbarungen und Synergien führt.

Unsere wirklichen, existenziellen Probleme lassen sich nicht auf der Oberflächen-Ebene lösen, auf der sie entstanden sind. Eine neue Denkweise ist nötig – eine Denkweise, die auf den Prinzipien des effektiven Managements beruht. Was wir brauchen, ist ein prinzipienorientierter, auf Charakterstärke basierender Ansatz, der von innen nach außen weist.

Von innen heraus zu leben bedeutet, mit sich selbst zu beginnen, das heißt mit den eigenen Paradigmen, dem eigenen Charakter und den eigenen Motiven. In der Ehe heißt es: Erzeugen Sie positive Energie und gehen Sie negativer Energie aus dem Weg. Im Umgang mit Ihren heranwachsenden Kindern heißt es: Warten Sie nicht auf kooperativeres Verhalten, sondern fangen Sie selbst damit an, indem Sie Verständnisbereitschaft üben. Im Beruf heißt es: Mehr Freiheit setzt verantwortungsbewusstes Handeln und mehr Engagement voraus. Wenn Sie den zweitrangigen Wert der öffentlichen Anerkennung anstreben, müssen Sie sich zunächst auf den erstrangigen Wert der Charakterstärke konzentrieren.

Beim Ansatz von innen nach außen müssen erst persönliche Siege errungen werden, bevor öffentliche Erfolge möglich sind. Zuerst muss man sich selbst gegenüber Versprechen abgeben und einhalten, bevor man sie anderen gegenüber abgibt. Es handelt sich um einen fortlaufenden Prozess der Erneuerung, um eine Wachstumsspirale, die zu immer höheren Formen der verantwortungsbewussten Eigenständigkeit und der effektiven gegenseitigen Abhängigkeit führt.

Ich kenne keinen einzigen Fall, in dem dauerhafte Konfliktlösungen, Glück und Erfolg von außen gekommen wären. Es gibt unglückliche Ehen, in denen die Partner einander verändern wollen, sich gegenseitig ihre Schwächen vorwerfen und versuchen, den anderen zu formen. Es gibt Auseinandersetzungen zwischen Arbeitgebern und Beschäftigten, in deren Verlauf die Beteiligten viel Zeit und Energie darauf verwenden, Bedingungen zu schaffen, welche ein Vertrauensverhältnis nur vortäuschen.

Die wichtigste Ursache für Dauerkonflikte ist in vielen Unternehmen und Kulturen ein gesellschaftliches Paradigma, das von außen nach innen weist. Jeder glaubt, für Probleme seien »die anderen« verantwortlich: Wenn sie sich verändern würden, seien alle Konflikte aus der Welt geschafft.

Die Prinzipien der Effektivität sind jedoch in jedem Menschen angelegt. Sie beeinflussen unser Gewissen und unsere Einstellung zu den alltäglichen Erfahrungen. Um sie zu erkennen und weiterzuentwickeln und um mit ihrer Hilfe unseren tiefsten Bedenken begegnen zu können, müssen wir unser Denken grundsätzlich verändern, das heißt einen Paradigmenwechsel unseres Denkens hin zu einer neuen, tiefgehenden Ebene des »von innen nach außen« herbeiführen.

Das Gewissen ausbilden

Der Schlüssel für eine solche Veränderung ist das Gewissen. Ein Gewissen zu haben, bedeutet, unterscheiden zu können, was den Prinzipien entspricht und was ihnen zuwiderläuft.

So wichtig wie körperliches Training für einen Sportler und geistige Arbeit für einen Wissenschaftler, so entscheidend ist das Gewissen für die primäre Größe des Menschen; mit dem Unterschied, dass es weit mehr Disziplin erfordert, das Gewissen zu trainieren als die Körperkraft. Ehrlichkeit und anregende geistige Betätigung sind notwendige Voraussetzungen dafür. Schlechte Ernährung und zu wenig Training ruinieren die Kondition jedes Sportlers. Ebenso kann die Beschäftigung mit Pornografie oder Ähnlichem eine innere Betäubung erzeugen, die unser Gefühl für höhere Werte schädigt. An die Stelle des natürlichen Gewissens, das erforscht: »Was ist richtig, und was ist falsch?«, tritt als einziger Vorbehalt die Frage: »Werde ich erwischt?«

Die Entwicklung des Gewissens beginnt in den ersten Lebensmonaten und setzt sich unter dem Einfluss des elterlichen Vorbilds kontinuierlich fort. Wenn ein Mensch erkennt, dass ihm die Ausbildung des Gewissens ein wichtiges Bedürfnis ist, wird er sich auch aktiv darum bemühen. Er erkennt, dass er wie in einer Spirale immer weiter nach oben steigt, indem er unaufhörlich lernt, sich für die richtigen Dinge zu engagieren und angemessen zu handeln.

Menschen mit primärer Größe leben nach dem Grundsatz, dass ihnen alles im Leben nur zur bestmöglichen verantwortlichen Verwendung anvertraut wurde – Zeit und Talente ebenso wie Geld und Besitz, Beziehungen, Familie und sogar ihr Körper. Sie wissen, dass sie mit all ihren Gaben pfleglich umgehen müssen und die Pflicht haben, sie sinnvoll zu nutzen. So sind sie auch jederzeit in der Lage, Rechenschaft über deren Verwendung abzulegen.

Menschen mit primärer Größe reagieren auf eine Kränkung trotzdem mit Freundlichkeit, auf Ungeduld mit Geduld. Auf diese Weise gelingt es ihnen immer wieder, die besten Seiten ihrer Mitmenschen zum Vorschein zu bringen. Sie können vergeben und vergessen, und sie bewahren sich ihre Fröhlichkeit, weil sie an das Gute im Menschen und den letztendlichen Sieg der Wahrheit glauben.

Sobald ein Mensch jedoch versucht, sich nach Gutdünken eigene Maßstäbe zu schaffen, sobald er darauf beharrt, sich immer reinzuwaschen, sobald er, wenn er angegriffen wird, mit gleicher Waffe zurückschlägt, gerät er in den Sog negativer Energie. Er lässt sich auf die Stufe seines Gegners ein und versucht, durch Manipulation, Gewalt, Rückzug, Gleichgültigkeit oder Streit einen Sieg davonzutragen, der wiederum sein Verhalten rechtfertigen soll.

Wer Gutes tut, wird noch mehr Gutes ernten. Nach diesem Grundsatz müssen wir andere annehmen, sie bestätigen und an sie glauben, selbst wenn sie von uns nichts wissen wollen. Nur so entwickeln wir einen von primärer Größe geprägten Charakter.

Das Fundament des Vertrauens

Empowerment kann nur auf einem Fundament des Vertrauens wachsen. Wenn Sie Ihren Mitarbeitern nicht trauen, dann bleibt Ihnen nichts anderes übrig, als sie zu kontrollieren. Gelingt es Ihnen jedoch, eine Vertrauensbasis zu schaffen und darauf aufbauend Leistungsvereinbarungen zu treffen, kann sich Empowerment entwickeln und die Strukturen können an die richtigen Prinzipien angepasst werden. Der einzelne Mitarbeiter soll darin unterstützt werden, produktiv und effektiv zu handeln, während er die auf dem Win-win-Prinzip beruhenden Leistungsvereinbarungen erfüllt. Wenn Strukturen oder Systeme falsch ausgerichtet sind, entstehen weder Vertrauen noch Empowerment.

In meinen Seminaren frage ich häufig: »Wie viele von Ihnen haben an Trainings teilgenommen, in denen es um Empowerment oder um partizipatives Management ging?« Die meisten heben die Hand. Dann frage ich: »Und was geschieht, wenn Sie versuchen, Menschen zu befähigen, ohne eine Grundlage des Vertrauens geschaffen zu haben?« Die Antwort heißt: »Es funktioniert nicht. Man muss zurück zum harten Management by Objectives oder einer anderen Kontrollmethode, um wenigstens einen Anschein von Ordnung aufrechtzuerhalten.«

Dann frage ich weiter: »Warum soll man dann überhaupt noch Management-Seminare besuchen? Nähren sie nicht die Illusion, dass Probleme lösbar seien, während im Grunde nur Symptome kuriert werden? Vielleicht wird ein akuter Konflikt vorübergehend entschärft, aber das chronische Problem bleibt unberührt.«

Und dann frage ich nach der organisatorischen Ebene: »Wie viele von Ihnen sehen, dass die Lösung in einer Umstrukturierung liegt?« Die Hälfte der Manager hebt die Hand. »Wie viele von Ihnen sehen die Lösung darin, neue Systeme zu schaffen?« Ein Drittel hebt die Hand. Nun frage ich: »Was geschieht, wenn man sich auf diese Ebenen konzentriert, die persönliche und zwischenmenschliche Ebene jedoch überspringt?« Die Antwort: »Ein Desaster.«

Es herrscht also Übereinstimmung darüber, dass wir alle in einer Art Ökosystem arbeiten. Wenn wir uns diesem System anders als prinzipienorientiert nähern, wird jede Bemühung, und sei sie noch so richtig, unzulänglich bleiben.

Wenn es Führungskräften an Charakter und Kompetenz mangelt, dann gelingt es ihnen nicht, Macht, Gewinn oder Anerkennung an andere weiterzugeben, und sie spüren selbst, dass ihre Position permanent bedroht ist. Die einzige Lösung besteht darin, von innen heraus zu leben, also zuerst am Charakter zu arbeiten, um Vertrauen aufzubauen, damit daraus wiederum Empowerment erwächst. Dann erst können Struktur- und Organisationsprobleme gelöst werden.

Jeder Manager muss sich dieser Aufgabe stellen. Wer sie nicht annimmt, wird nie die grundlegenden Probleme eines Unternehmens lösen können oder dazu in der Lage sein, seine Mitarbeiter zu befähigen, selbst wenn er versucht, es nach außen hin vorzutäuschen. Seinen wahren Charakter kann er letztendlich nicht verbergen.

Wir müssen also an Charakter und Kompetenz arbeiten, um Struktur- und Systemprobleme zu lösen. Denken Sie daran: Arbeiten Sie zuerst mit dem Programmierer, wenn Sie ein Programm verbessern wollen. Strategie, Struktur, System und Kultur eines Unternehmens sind schließlich das Produkt der Menschen, die darin arbeiten.

Kapitel 4

Der Bruch mit der Vergangenheit

Fast jeder wichtige Durchbruch erfordert einen Bruch mit traditionellen Denkweisen.

In wissenschaftlichen Kreisen werden dramatische Umwälzungen, Denkrevolutionen, große Erkenntnissprünge und die unvermittelte Überwindung alter Grenzen »Paradigmenwechsel« genannt. Ein Paradigmenwechsel ermöglicht es, alte Probleme aus neuen Blickwinkeln zu betrachten.

Das Wort Paradigma kommt aus dem Griechischen und bezeichnet ein Muster, um bestimmte Aspekte der Realität zu verstehen und zu erklären. Während Menschen durch die Entwicklung neuer Fähigkeiten kleine Verbesserungen erzielen können, fordern Quantensprünge in der Leistung und revolutionäre Fortschritte in der Technik neue Muster, neue Denkweisen und neue Sichtweisen der Welt.

So verfügte die Menschheit vor 500 Jahren über ein bestimmtes Muster, das ihr Verständnis der damaligen Welt wiedergab. Das änderte sich erst, als ein hervorragender Navigator und mutiger Seemann, Christoph Kolumbus (1451–1506), das althergebrachte Denken in Frage stellte und westwärts segelte, in der Hoffnung, einen neuen Seeweg nach Indien zu entdecken. Er erreichte zwar nicht Indien, aber er änderte ganz gewiss das Paradigma der Weltvorstellung. Seine Suche hatte zu einem der bedeutendsten Durchbrüche in der Vorstellung von der Welt geführt.

Einmal wurde Kolumbus zu einem Bankett eingeladen, wo er den Ehrenplatz am Tisch erhielt. Ein einfältiger Höfling, der sehr eifersüchtig auf ihn war, fragte ihn plötzlich: »Wenn nicht gerade Sie Indien entdeckt hätten, wären dann nicht andere Männer in Spanien dazu ebenfalls in der Lage gewesen?«

Kolumbus antwortete nicht, sondern nahm stattdessen ein Ei und forderte die Tischgesellschaft auf, es auf der Spitze aufzustellen. Die Gäste versuchten es, aber vergeblich. Kolumbus schlug das Ei mit der Spitze auf den Tisch, drückte es ein und ließ es so stehen.

»Das hätten wir auch alle gekonnt«, beschwerte sich der Höfling.

»Der Unterschied ist, dass Sie es hätten tun können, aber ich habe es getan«, gab Kolumbus zurück. »Und als ich euch den Weg in die Neue Welt erst einmal gezeigt habe, war nichts leichter, als ihm zu folgen.«

Prinzipien stehen im Zentrum

In der gesamten Geschichte haben Führungspersönlichkeiten verschiedene Modelle angewendet, um Menschen zu führen. Diese reichen vom primitiven »Zuckerbrot-und-Peitsche«-Paradigma, bei dem Belohnungen und Strafen eingesetzt werden, bis hin zu ausgefeilten Beziehungsmodellen auf der Grundlage von Einflussstrategien und Einbindungstechniken.

Meine Hoffnung lautet, eine Paradigmenverlagerung im Managementtraining herbeizuführen, indem ich mich nicht nur auf neue Managementmodelle konzentriere, sondern auf ein neues Paradigma, die »prinzipienorientierte Führung«. Mithilfe dieses neuen Paradigmas können Führungspersönlichkeiten ihre Unternehmen und Mitarbeiter transformieren, indem sie ihnen ihre Vision vermitteln, ihre Ziele erklären, das vorleben, was sie predigen, und ihre Verfahren auf Grundsätze, Rollen und Ziele abstimmen. Durch ihr Engagement für die Mission des Unternehmens werden sich die Menschen dann besser bewusst, welche Rolle ihr persönlicher Beitrag spielt.

Häufig können wir uns erst dann auf ein neues Paradigma einlassen, wenn wir das alte über Bord geworfen haben. Wir können auch nur dann dauerhafte Verbesserungen in einem Unternehmen erzielen, wenn wir ungerechtfertigte Annahmen über Menschen aufgeben: Durch manipulierende Führungstechniken lassen sich die Leistungen der Mitarbeiter eben nicht dauerhaft steigern. Dennoch werden die Zusammenhänge in unserer chaotischen Welt oft genug auf den Kopf gestellt. Wir verwechseln Effizienz mit Effektivität, Schnelligkeit mit Priorität, Nachahmung mit Innovation, Schönheit mit Charakter oder Vortäuschung mit Kompetenz.

Letztlich geht der Führungsstil eines Menschen auf seine zentralen Vorstellungen von der Natur des Menschen zurück. Das, was jemand als Mittelpunkt seines Lebens betrachtet – Arbeit oder Vergnügen, Freund oder Feind, Familie oder Besitz, Ehepartner oder die eigene Person, Grundsätze oder Leidenschaften –, beeinflusst seine Wahrnehmung. Und die Wahrnehmung wiederum wirkt sich auf die Einstellungen und Verhaltensweisen aus.

»Wer Menschen führt, sollte sie die richtigen Prinzipien lehren, ihre Anwendung aber dem Einzelnen überlassen« – dies scheint mir ein sinnvoller Ansatz im Management und in der Menschenführung zu sein. Mitarbeiter ebenso wie Unternehmen als Ganze sollten sich von Prinzipien leiten lassen, deren Gültigkeit erwiesen ist. Ich meine damit Naturgesetze und Werte im zwischenmenschlichen Umgang, die sich im Lauf der Jahrhunderte in jeder entwickelten Gesellschaft durchgesetzt haben. Sie treten in Form von Einstellungen, Normen und Lehren in Erscheinung, die das menschliche Streben nach einem erfüllten Leben unterstützen.

So wie der Paradigmenwechsel in der Wissenschaft zum Bruch mit der Vergangenheit geführt hat, kann auch eine neue Sichtweise der Führungsaufgaben ein Unternehmen völlig verändern. Manager konzentrieren sich auf die Geschäftsergebnisse – Führungspersönlichkeiten dagegen sind bestrebt, eine klare Vision zu finden und eine einmal für richtig befundene Richtung auch in der Hektik des Tagesgeschäfts beizubehalten.

Wenn Menschen keine Vision haben, lautet ein Sprichwort, gehen sie unter. Der Grund liegt auf der Hand: Sie setzen sich Ziele und steigen die sprichwörtliche Erfolgsleiter hoch, ohne vorher eine Mission definiert oder Werte geklärt zu haben. Wenn sie alle Sprossen erklommen haben, stellen sie entsetzt fest, dass die Leiter an der falschen Wand lehnt.

Potenziale freisetzen

In der Physik brachte Newton die Gesetze der Erdanziehungskraft in einer umfassenden Theorie unter, die für die damalige Zeit angemessen war. Aber für die im Atom enthaltene enorme Energie fand erst Albert Einstein (1879–1955) den Schlüssel. Seine Relativitätstheorie betrachtete Materie und Energie als austauschbar und nicht voneinander abgeschottet. Er revolutionierte das wissenschaftliche Denken mit einer neuen Sichtweise von Zeit, Raum, Masse, Bewegung und Schwerkraft.

In seinen Aufzeichnungen in *Autobiographisches* schreibt Einstein: »Newton verzeih' mir; du fandest den einzigen Weg, der zu deiner Zeit für einen Menschen von höchster Denk- und Gestaltungskraft eben noch möglich war. Die Begriffe, die du schufst, sind auch jetzt noch führend in unserem physikalischen Denken, obwohl wir nun wissen, dass sie durch andere, der Sphäre der unmittelbaren Erfahrung ferner stehende ersetzt werden müssen, wenn wir ein tieferes Begreifen der Zusammenhänge anstreben.«

Natürlich kam es zu einer Freisetzung enormer Energien und Kräfte, als das winzige Atom gespalten wurde. Gleichermaßen sollte es das Ziel eines jeden Personalentwicklungsprogramms sein, die enorme kreative Kraft und das Potenzial von Menschen freizusetzen. Um das zu erreichen, müssen sie in einen sinnvollen Veränderungs- und Entwicklungsprozess einbezogen werden.

In der prinzipienorientierten Führung gilt als höchster Grad menschlicher Motivation der Beitrag zum Allgemeinwohl. Menschen sind die wertvollsten Aktivposten im Unternehmen. In diesem Prinzip der Verantwortlichkeit liegt der Schlüssel für die Entdeckung, Entwicklung und Nutzung aller anderen Aktivposten. Jeder Mensch hat die Chance, sein Potenzial auszuschöpfen – er ist nicht zwangsläufig das Opfer unglücklicher Umstände oder seiner schlechten Erfahrungen.

Auf den Bereich der Weiterbildung angewandt bedeutet dieses Paradigma, dass eine prozessorientierte Konzeption einem produktorientierten Ansatz vorzuziehen ist. Methodisch heißt das für ein Unternehmen, dass in einem ersten Schritt Daten und Informationen gesammelt werden. Im zweiten Schritt werden Prioritäten, Werte und Ziele bestimmt, im dritten gilt es, Alternativen zu finden und zu bewerten, im vierten folgt die Planung und Anwendung der Maßnahmen; und im fünften Schritt schließlich wird eine Erfolgskontrolle vorgenommen.

Folgender Entwicklungsprozess sollte in jedes Trainingsprogramm integriert werden: Der wesentliche Inhalt des dargebotenen Materials wird erfasst – Sie versuchen also zuerst, die Grundprinzipien zu verstehen. Nun greifen Sie auf schon Gelerntes zurück – Sie entwickeln eigene Ideen und Gedanken dazu. Sie vermitteln den Lehrstoff – Sie geben weiter, was Sie gelernt haben, um eine gemeinsame Grundlage für den Wandel im Unternehmen zu schaffen und um das Bild, das man von Ihnen hat, gegebenenfalls zurechtzurücken. Sie wenden die Prinzipien an – Sie testen sie in der unmittelbaren Umgebung. Schließlich führen Sie eine Erfolgskontrolle durch.

Jedem echten Wachstum liegt ein solcher stufenweiser Entwicklungsprozess zugrunde. Im Führungstraining ermöglicht er es, dass Manager über bisherige Grenzen hinausgehen und feststellen, dass sie immer mehr aus sich selbst heraus motiviert und geleitet werden. Sie finden immer bessere Wege, um ihre Umgebung – Strukturen und Systeme – mit ihrem Inneren – Werte, Rollen und Ziele – in Einklang zu bringen.

Programme für die Überwindung von Barrieren

Der Pilot Chuck Yeager (geboren 1923) leitete am 14. Oktober 1947 das Zeitalter des Überschallflugs ein, als er die Schallgrenze und deren »unsichtbare Mauer« durchbrach. Renommierte Wissenschaftler hatten »harte Fakten« ins Feld geführt, wonach diese Barriere unüberwindbar sei. Andere ergingen sich in düsteren Vorhersagen, dass Pilot und Flugzeug bei Mach 1 zerfallen würden oder der Pilot seine Stimme verlieren, sich im Alter zurückentwickeln oder im Cockpit hin- und hergeschleudert würde. Dessen ungeachtet erreichte Yeager an diesem historischen Tag in seinem Bell Aviation X-1-Flugzeug eine Geschwindigkeit von 700 Meilen pro Stunde (Mach 1,06). Drei Wochen später schaffte er Mach 1,35, und sechs Jahre später flog er unglaubliche 1612 Meilen pro Stunde (Mach 2,44). Der Mythos einer unüberwindbaren Barriere war endgültig widerlegt.

In seiner Autobiografie schreibt er: »Mir fiel auf, dass mit zunehmender Geschwindigkeit der Flug immer ruhiger wurde. Plötzlich schlug die Mach-Nadel kräftig aus. Die Nadel stieg bis 0,965 Mach – dann rutschte sie ganz einfach über das Skalaende hinaus! Ich wollte meinen Augen nicht trauen; ich flog Überschall! Und alles war ganz glattgegangen; jede Oma hätte es schaffen können. Das war es also. Irgendwie saß ich ziemlich belämmert da oben in meiner Maschine. Gut, ich freute mich innerlich, aber dafür, wie wir alle diesem Augenblick entgegengefiebert hatten, war alles doch eigentlich enttäuschend verlaufen. Eine Instrumentennadel hatte mir angezeigt, was ich erreicht hatte. Es hätte einen Ruck geben müssen, etwas, was mich darauf aufmerksam gemacht hätte, dass ich ein Loch in die Schallmauer gebohrt hatte. Der Vorstoß ins Unbekannte hatte sich als Sonntagsspaziergang erwiesen. Erst später begriff ich, dass die Mission ganz einfach mit einer Enttäuschung enden musste: die Mauer, die wir überwinden wollten, existierte nicht in der Luft, sondern in unseren Köpfen, und sie bestand aus unseren fehlenden Erfahrungen mit dem Überschallflug.« *

Nachdem wir die »Schallgrenze« durchbrochen haben, stehen wir dennoch vor einem noch viel schwierigeren Hindernis – vor der »menschlichen Grenze«. Viele Manager halten das Durchbrechen der »menschlichen Grenze« oder der akzeptierten Leistungsgrenzen heute für ebenso schwierig wie die Luftfahrtingenieure das Durchbrechen der »Schallgrenze« vor vier Jahrzehnten.

* Yeager, Chuck: *Schneller als der Schall*, München 1987, Seite 169–170.

Warum ist das so? Es liegt daran, dass Menschen oft als Bremsfaktoren oder gar als Belastungen und nicht als Vorteile und Aktivposten gesehen werden. So verfestigen sich schlechte Leistungen häufig in der Struktur und in den Systemen, Verfahren und Prozessen eines Unternehmens. Manche Manager führen ihre Unternehmen, als wären es einmotorige Propellermaschinen: Sie fliegen mit niedriger Geschwindigkeit und in geringer Höhe, in der festen Überzeugung, dass überragende Leistungen schnell zum Kontrollverlust und in den Niedergang führen würden.

Doch einige wenige gut geschulte und mutige Manager durchbrechen die mythische menschliche Grenze und beweisen, dass Zuwächse der menschlichen Leistung von 500 Prozent – nicht nur 5 Prozent – möglich sind, ohne dass jemand seine Stimme verliert, ins Kindesalter zurückfällt oder hin- und hergeschleudert wird. Tatsächlich sind Menschen in sehr leistungsfähigen Unternehmen in der Regel viel gesunder und glücklicher. Sie erfahren eine Wertschätzung als äußerst wertvolle Ressource und unterstützen sich gegenseitig dabei, Quantensprünge in der Qualität und Produktivität zu vollbringen. Sie würden gern die Prinzipien und Methoden des Überschallmanagements lernen und glauben fest an das enorme Potenzial ihrer Mitarbeiter.

Die Schulungs- und Entwicklungsprogramme sollten sich natürlich aus der Vision, den Leitbildern und den Prinzipien des Unternehmens ergeben. Sie sollten die Mitarbeiter in die Lage versetzen, abzuheben, sich in neue Höhe hinaufzuschrauben, sich mutig auch dem Unbekannten zu stellen, sich stärker von der Fantasie als vom Gedächtnis leiten zu lassen und letztlich ihre Ängste und bisherigen Fehlschläge zu überwinden. Viele Menschen und Unternehmen müssen einen Quantensprung in der Leistung erzielen, ihre Gewohnheiten ändern und ihre Verhaltensmuster umstellen. Andernfalls betreiben sie Business as usual – und damit kommen sie heute nicht mehr weit.

Den Sog der Vergangenheit überwinden

Um alte Gewohnheiten erfolgreich zu überwinden, sollten Sie lernen, bremsende Kräfte abzuwehren und die Triebkräfte zu fördern, um den täglichen persönlichen Sieg zu erzielen.

Wer den Sog der Vergangenheit überwinden will, muss über eine feste Identität verfügen und ein klares Ziel verfolgen. Sie müssen also wissen, wer Sie sind und was Sie erreichen möchten. Schlechte Leistungen gehen häufig auf eine mangelhafte Prioritätensetzung und Organisation zurück. Ein schwacher Wille wird leicht durch Emotionen, Stimmungen und Umstände zusätzlich geschwächt.

Dagegen sind hocheffektive Menschen mit ihrer Agenda verwachsen. Ihr Terminplan ist ihr Diener, nicht ihr Herr. Sie haben einen Wochenplan, den sie aber täglich flexibel anpassen können. Dennoch ändern sie diesen Plan nicht nach Lust und Laune. Sie üben Disziplin, bleiben auf ihre Ziele konzentriert und lassen sich nicht von Launen und Umständen beherrschen. Sie reservieren sich konsequent Zeit für wichtige Planungsarbeiten, Projekte und kreative Tätigkeiten. Sie erledigen weniger wichtige und weniger anspruchsvolle Aufgaben, wenn sie gerade etwas müde sind. Sie vermeiden es, Unterlagen mehr als einmal in die Hand zu nehmen oder sie überhaupt anzufassen, wenn sie nicht die Absicht haben, sich direkt darum zu kümmern.

Ich definiere Disziplin als die Fähigkeit, Versprechen einzugehen und zu halten. Disziplin ist der Schlüssel dafür, den Sog der Vergangenheit zu überwinden. Wenn wir mit kleinen Schritten anfangen, können wir unser Gespür der persönlichen Wertschätzung allmählich stärken und unsere Fähigkeit aufbauen, große Versprechen zu machen und einzuhalten. Schließlich gewinnt unsere persönliche Wertschätzung die Oberhand über unsere Stimmungen. Wir fassen nur noch wenige Vorsätze, aber diese halten wir dann auch.

Ein erster Schritt auf diesem Weg könnte so aussehen, dass Sie sich vornehmen, zu einer bestimmten Uhrzeit aufzustehen, unabhängig davon, wie Sie sich fühlen. Als Nächstes nehmen Sie sich vor, die erste Stunde des Wachseins sinnvoll zu nutzen, indem Sie den Tag planen und sich darauf vorbereiten. Und dann führen Sie Ihren Vorsatz aus. Sie werden feststellen, dass in der Umsetzung von Vorsätzen eine enorme Kraftquelle liegt. Daraus erwachsen eine hohe Selbstachtung und persönliche Integrität – die Grundlage echten Erfolgs.

Kapitel 5

Sechs Tage der Schöpfung

Wahres Wachstum und wahrer Fortschritt vollziehen sich immer in einer natürlichen Abfolge von Entwicklungsschritten. In der Schöpfungsgeschichte steht geschrieben, dass Gott die Erde in sechs Tagen erschuf. Jeder Tag war wichtig, kein Tag hätte übersprungen werden dürfen. Zuerst wurde das Licht erschaffen, dann die Pflanzen und Tiere und zuletzt der Mensch. Solche Entwicklungsstufen sind für alles Leben charakteristisch.

- Als Kind lernen wir, uns auf den Bauch oder Rücken zu drehen, dann zu sitzen, zu krabbeln und schließlich zu gehen und zu laufen. Jeder Entwicklungsschritt ist wichtig, keiner kann ausgelassen werden.
- In der Schule bringt man uns erst die Grundrechenarten bei und dann Algebra und danach erst Analysis. Wenn wir Algebra nicht verstehen, wird Analysis ein Buch mit sieben Siegeln bleiben.
- Beim Hausbau legen wir zuerst ein solides Fundament, bevor wir die Wände hochziehen und schließlich den Innenausbau erledigen.

Im physischen und geistigen Bereich kennen und akzeptieren wir diesen stufenweisen Entwicklungsprozess, weil er offensichtlich ist und sich fortlaufend bestätigt. In anderen Bereichen der menschlichen Entwicklung und im sozialen Miteinander versuchen wir dagegen oft, natürliche Prozesse abzukürzen. Wir ersetzen dann Priorität durch Zweckmäßigkeit, Innovation durch Imitation, Charakter durch Kosmetik, Substanz durch Stil und Kompetenz durch schönen Schein. Oft überspringen wir einige wichtige Schritte, um Zeit und Mühe zu sparen, hoffen aber dennoch darauf, die gewünschten Früchte zu ernten.

Diese Hoffnung ist vergebens. In der Entwicklung von beruflichen Fähigkeiten, von Begabungen wie Klavierspielen oder öffentlicher Rede und in der Entwicklung unseres Intellekts und Charakters sind Abkürzungen nicht möglich. Alles Leben ist durch Wachstums- und Entwicklungsphasen geprägt, und für jede Entwicklungsstufe gilt das Konzept der *»sechs Schöpfungstage«*.

Was passiert beispielsweise, wenn jemand versucht, diesen Prozess für seine Künste auf dem Tennisplatz abzukürzen? Wenn ein durchschnittlicher Tennisspieler – sagen wir, er steht bei *Tag drei* – plötzlich beschließt, wie *Tag sechs* zu spielen, um eine glänzende Figur abzugeben, was wird er damit wohl erreichen? Was würde passieren, wenn Sie Ihren Freunden weismachen, dass Sie auf dem Niveau von *Tag sechs* Klavier spielen, während Sie sich tatsächlich bei *Tag zwei* befinden? Wenn Ihr Golfspiel *Tag drei* entspricht und Sie gegen jemanden von *Tag fünf* antreten, wird positives Denken allein Ihnen helfen, ihn zu schlagen?

Die Antworten liegen auf der Hand. Es ist einfach unmöglich, diesen Entwicklungsprozess auf den Kopf zu stellen, ihn zu ignorieren oder abzukürzen. Jeder Versuch einer solchen Abkürzung würde Verwirrung und Enttäuschung auslösen. Wenn ich in einem bestimmten Gebiet bei *Tag zwei* stehe und zu *Tag fünf* vordringen möchte, muss ich erst den Entwicklungsschritt zu *Tag drei* vollziehen. Es nützt nichts, Schwierigkeiten zu vertuschen und einen falschen Anschein zu erwecken – ein Mangel an Fähigkeiten und Urteilskraft lässt sich damit niemals ausgleichen.

Fortschritt ist nur möglich, wenn ich akzeptiere, dass ich zurzeit bei *Tag zwei* stehe, und nicht vorgebe, weiter zu sein.

Wenn Schüler ihrem Lehrer ihren Wissensstand verheimlichen, indem sie sich zum Beispiel Fragen verkneifen und ihre Unkenntnis verbergen, werden sie nicht hinzulernen und sich nicht weiterentwickeln. Man kann nicht über einen langen Zeitraum falsche Tatsachen vortäuschen, irgendwann wird man ertappt. Unkenntnis zuzugeben ist der erste Schritt in unserem Lernprozess.

Inneres Wachstum

Lassen wir die Entwicklung von Fähigkeiten und Kenntnissen jedoch nun beiseite und sehen wir uns das innere Wachstum des Menschen an. Nehmen wir einmal an, eine bestimmte Person steht intellektuell bei *Tag fünf*, emotional jedoch bei *Tag zwei*. Solange die Sonne scheint und die Dinge gut laufen, ist alles in Ordnung. Doch was geschieht, wenn Erschöpfung, Eheprobleme, Geldsorgen, unkooperative Teenager, schreiende Kinder und ein klingelndes Telefon zusammenkommen?

Emotional unreife Menschen sehen sich möglicherweise als Sklaven ihrer Wut, Ungeduld und Kritiksucht. Solange alles gut läuft, wird diese persönliche Unzulänglichkeit, diese Unreife jedoch von anderen vielleicht gar nicht bemerkt.

Wenn natürliche Entwicklungsschritte übersprungen wurden, fällt das in der emotionalen und sozialen Sphäre nicht unbedingt auf. Wir können etwas vortäuschen und uns verstellen. Für einen gewissen Zeitraum können wir uns zusammenreißen und den Schein aufrechterhalten. Vielleicht täuschen wir uns sogar selbst. Die meisten von uns wissen jedoch, wer wir tief in unserem Inneren wirklich sind, und einige der Menschen, mit denen wir zusammenleben oder zusammenarbeiten, wissen es auch.

Um wirksame Beziehungen zu Kollegen, Ehepartnern oder Kindern aufzubauen, brauchen wir emotionale Stärke, denn wir müssen lernen zuzuhören. Zuhören erfordert Geduld, Offenheit und den Wunsch, den anderen zu verstehen. Wenn wir jedoch offen sind, gehen wir das Risiko ein, verändert zu werden – beeinflusst zu werden. Wenn wir unserer Sache aber sicher sind, möchten wir uns gar nicht ändern. Wir verschließen uns dann, erteilen Anweisungen und geben den Ton an. Emotional auf *Tag zwei* zu agieren und Ratschläge zu erteilen, die *Tag sechs* entsprechen, ist der bequemere Weg.

Erst besitzen, dann geben

Ich habe einmal versucht, meine Tochter über den Wert des Teilens aufzuklären, als sie für diese Lektion noch nicht bereit war. Tatsächlich versuchte ich damals, sie von *Tag zwei* auf Befehl zu *Tag fünf* zu manövrieren.

Meine Tochter hatte Geburtstag, und wir hatten einige Kinder und deren Eltern eingeladen. Als ich nachhause kam, saß meine Tochter in einer Ecke des Wohnzimmers und umklammerte ihre Geschenke – sie wollte nicht, dass die anderen Kinder damit spielten. Ich spürte die Blicke der Eltern, die dieses egoistische Verhalten beobachteten. Die Sache war mir peinlich, weil ich mich beruflich als Professor intensiv mit zwischenmenschlichen Beziehungen befasste und das Gefühl hatte, dass die Eltern mehr von mir und meinen Kindern erwarteten.

Die Stimmung im Raum war gespannt. Die anderen Kinder bedrängten meine Tochter und wollten mit den Geschenken spielen, die sie ihr kurz zuvor überreicht hatten. Meine Tochter weigerte sich jedoch mit Händen und Füßen, das Spielzeug herauszurücken. Ich dachte bei mir: »Ich muss meiner Tochter unbedingt beibringen, wie man teilt. Der Wert des Teilens zählt zu unseren Grundüberzeugungen.« So kam es zu folgender Szene:

Zunächst versuchte ich es mit einer *Aufforderung*: »Liebling, gibst du den Kindern bitte etwas von dem Spielzeug ab, das sie dir gerade geschenkt haben?«

Ein klares »Nein« war die Reaktion.

Nun *argumentierte* ich: »Liebling, wenn du jetzt dein Spielzeug mit deinen Freunden teilst, werden sie dich auch mit ihren Sachen spielen lassen, wenn du bei ihnen bist.«

Die Antwort lautete wieder »Nein«.

Die Sache wurde mir zunehmend peinlicher, weil jetzt auch noch klar zu sehen war, dass ich keinen Einfluss auf meine Tochter hatte. Ich griff zur nächsten Taktik, und zwar *Bestechung*: »Liebling, wenn du dein Spielzeug teilst, habe ich eine tolle Überraschung für dich. Du bekommst ein Kaugummi.«

»Ich will kein Kaugummi«, rief sie trotzig.

Nun packte mich die Wut, und mein vierter Versuch bestand darin, ihr zu drohen: »Wenn du jetzt nicht teilst, kriegst du großen Ärger.«

»Das ist mir egal. Das sind meine Sachen. Ich muss nicht teilen.«

Zum Schluss habe ich sie dann *gezwungen*. Ich nahm ihr einfach einige Spielsachen weg und gab sie ihren Freunden. »Hier, Kinder, nun könnt ihr damit spielen.«

Vielleicht brauchte meine Tochter das Gefühl, die Sachen zu besitzen, bevor sie sie abgeben konnte – solange wir etwas nicht besitzen, können wir es nicht wirklich geben. Doch damals war mir die Meinung der anderen Eltern wichtiger als das innere Wachstum meines Kindes und als unsere Beziehung. Ich urteilte damals gleich zu Beginn, dass ich Recht hatte – sie musste teilen – und dass es falsch von ihr war, die Sachen für sich zu behalten. Auf der Grundlage dieses Urteils manipulierte ich sie, bis hin zum Zwang.

Meine Tochter stand bei *Tag zwei*, und ich verlangte ein Verhalten, das *Tag fünf* entsprach. Der Grund hierfür war, dass ich mich damals emotional selbst bei *Tag zwei* bewegte. Ich war nicht in der Lage oder nicht bereit, ihr Geduld und Verständnis entgegenzubringen, erwartete aber von ihr, zu teilen und zu geben. Wäre ich damals reifer gewesen, hätte ich ihr vielleicht erlaubt, frei zu wählen, ob sie teilen wollte oder nicht. Nach meinem Argumentationsversuch hätte ich die Aufmerksamkeit der Kinder auf ein lustiges Spiel lenken können, um den emotionalen Druck von meiner Tochter zu nehmen. Ich habe seither gelernt, dass meine Kinder ganz natürlich, frei und spontan geben, wenn sie zuvor das Gefühl hatten, etwas zu besitzen.

Es gibt Zeiten des Lehrens und Unterweisens, und Zeiten, die sich nicht dafür eignen. Wenn Beziehungen gespannt und emotionsgeladen sind, werden Unterweisungsversuche oft als eine Form des Urteils und der Ablehnung empfunden. Es ist grundsätzlich besser, unter vier Augen mit dem anderen über ein Prinzip zu sprechen. Doch wie bereits erläutert, braucht man hierfür Geduld und Kontrolle über sich selbst – kurz, emotionale Reife.

Wenn Stärke sich in Schwäche wandelt

Nicht nur Eltern, sondern auch Arbeitgeber, Führungskräfte und andere Autoritätspersonen können kompetent, sachkundig und erfahren sein (*Tag sechs*), emotional jedoch bei *Tag zwei* stehen. Manche Menschen versuchen, diesen Mangel auszugleichen, indem sie Stärke aus ihrer Position oder Autorität beziehen.

Wie reagieren unreife Menschen auf Druck? Wie reagiert der Chef, wenn Mitarbeiter seine Anweisungen nicht befolgen, oder der Lehrer, wenn Schüler seine Ausführungen anzweifeln?

Wie behandelt ein unreifer Vater seine pubertierende Tochter, wenn diese ihm von ihren Problemen erzählen will? Wie geht er mit einem Kleinkind um, das keine Ruhe gibt? Wie verhält er sich in einer Auseinandersetzung mit seiner Frau über ein emotional brisantes Thema? Wie bewältigt er Herausforderungen am Arbeitsplatz?

Emotional unreife Menschen neigen dazu, Stärke aus ihrer Position, Größe, Kraft, Erfahrung, ihrem Intellekt oder ihren Emotionen zu beziehen, um einen charakterlichen Mangel auszugleichen. Dadurch bauen sie jedoch in drei Bereichen Schwäche auf:

Erstens entwickeln sie Schwäche in sich selbst. Wer Stärke aus einer Position oder Autoritätsstellung bezieht, ist in Zukunft viel mehr von äußeren Faktoren abhängig, wenn er etwas durchsetzen will.

Zweitens bauen sie Schwäche in anderen Personen auf. Andere Menschen lernen, aus Angst oder Angepasstheit heraus zu handeln und zu reagieren, und ihre Argumentationsstärke, ihre Freiheit, ihr Wachstum und ihre Selbstdisziplin verkümmern.

Drittens bauen sie Schwäche in ihren Beziehungen auf. Spannungen entstehen. Angst verdrängt Kooperation. Alle Beteiligten reagieren ein wenig willkürlicher, ein wenig erregter, ein wenig defensiver.

Um aus einer Auseinandersetzung als Sieger hervorzugehen, können emotional unreife Menschen ihre Stärken und Fähigkeiten dazu nutzen, den anderen in die Ecke zu drängen. Aber selbst wenn sie sich durchsetzen, verlieren sie. Alle verlieren. Die Stärke wird zur Schwäche.

Wenn wir Stärke aus unserem Besitz, unseren Positionen, unseren Zeugnissen, unserer äußeren Erscheinung, unseren Mitgliedschaften, Statussymbolen oder Leistungen beziehen, was geschieht dann mit uns, wenn sich diese Dinge verändern oder verloren gehen?

Die Schwächen, die wir in uns selbst, in anderen und in unseren Beziehungen aufgebaut haben, bleiben bestehen. Menschen, die ihre Stärke nur geliehen haben, verlieren schließlich ihren Einfluss auf jene Personen, die sie am meisten beeindrucken wollen. Ihre Kinder fühlen sich vielleicht herabgewürdigt und haben wenig Selbstwertgefühl, Persönlichkeit oder Individualität. Mitarbeiter können rebellieren und sich auf eigene Art zur Wehr setzen, wobei sie oft jene Dinge ins Visier nehmen, die am meisten wertgeschätzt werden.

Aus welchen Quellen können wir unsere Stärke beziehen, ohne Schwäche zu schaffen? Hier kommen nur Quellen infrage, die uns aus uns selbst heraus in die Lage versetzen, alle Anforderungen einer Situation zu bewältigen. Ein Chirurg kann Stärke aus seinen erlernten Fähigkeiten und seiner Erfahrung beziehen, ein Läufer aus seinem durchtrainierten Körper, seinen muskulösen Beinen und seiner kräftigen Lunge.

Anders ausgedrückt, müssen wir uns fragen: »Was verlangt diese Situation: welche Stärke, welche Fähigkeiten, welches Wissen, welche innere Haltung?« Der Besitz, die äußere Erscheinung oder die Referenzen des Chirurgen oder des Sportlers sind zweifellos nur Symbol für das, was wirklich gefordert ist. Ohne die Substanz sind sie jedoch wertlos.

Schlussfolgerungen für das persönliche Wachstum

Meiner Ansicht nach lassen sich aus dem *sechstägigen* Entwicklungsprozess sechs wichtige Schlüsse ziehen:

- *Wachstum ist ein natürlicher Prozess. Erst müssen wir säen, dann können wir ernten:* erst Algebra, dann Analysis, erst Krabbeln, dann Laufen.
- *Wir alle befinden uns* im körperlichen, sozialen, emotionalen und geistigen Bereich *bei anderen »Tagen«* (Wachstumsstufen). Wenn ich mich auf einer anderen Stufe befinde als Sie, haben Sie die Dinge, an denen ich noch arbeiten muss, vielleicht schon bewältigt und umgekehrt. Ihr Tag vier kann mein Tag zwei sein.
- *Vergleiche sind gefährlich.* Vergleiche rufen immer Unsicherheit hervor, dennoch stellen wir oft Vergleiche unter unseren Kindern, Mitarbeitern und Bekannten an. Wenn unser Selbstwertgefühl und unser Gefühl der persönlichen Sicherheit auf Vergleichen beruhen, sind wir zwangsläufig unsicher und ängstlich. Gerade fühlten wir uns noch überlegen, doch nur eine Minute später wandelt sich dieses Gefühl ins Gegenteil. Meinungen, Modetrends und Gepflogenheiten sind unbeständig und fortwährend im Wandel begriffen. Dinge, die sich verändern, bieten keine Sicherheit. Innere Sicherheit kann nicht von außen kommen. Geliehene Stärke, die den Entleiher nicht fördert und innerlich stärkt, wird ihn letztendlich schwächen. Außerdem erzeugen Vergleiche und geborgte Stärke Selbstgefälligkeit und Eitelkeit, gleichzeitig jedoch auch Entmutigung und Selbstablehnung. Sie verleiten Menschen dazu, Abkürzungen zu suchen, sich nach der Meinung anderer zu richten, den Schein zu wahren und sich noch mehr Stärke bei Äußerlichkeiten zu leihen. Das Beste ist, sich nur mit sich selbst zu vergleichen. Wir können uns nicht auf den Fortschritt anderer konzentrieren oder unser Glück von diesem Fortschritt abhängig machen, sondern wir müssen unsere eigene Entwicklung ins Auge fassen. Wir sollten Menschen mit ihrem eigenen Potenzial vergleichen und sowohl dieses Potenzial als auch die Bemühungen, es zu erschließen, kontinuierlich bekräftigen. Wir sollten danach fragen, was jemand aus seinen Möglichkeiten macht, statt ihn mit anderen Personen zu vergleichen und das Maß unserer Liebe oder unserer Strafen an diesem Vergleich festzumachen.
- *Es gibt keine Abkürzungen.* Wenn ich bei *Tag zwei* stehe (um die Metapher fortzuführen) und *Tag sechs* erreichen möchte, muss ich die *Tage drei, vier* und *fünf* durchlaufen. Wenn ich vorgebe, bei *Tag sechs* zu sein, um andere zu beeindrucken, wird man mir früher oder später auf die Schliche kommen. Wer es allen recht machen möchte, wird

schließlich von niemandem mehr respektiert, auch von sich selbst nicht. Wenn sich jemand bei *Tag drei* befindet, ist es zwecklos und verletzend, Vergleiche anzustellen und ihn dafür zu kritisieren, dass er nicht bei *Tag fünf* oder *sechs* steht. Abkürzungen sind einfach nicht möglich.

- *Wenn wir uns verbessern wollen, müssen wir dort beginnen, wo wir sind*, nicht dort, wo wir sein sollten, wo andere sind oder wo andere uns sehen. Wenn ich jeden Tag einen Liegestütz mehr mache, schaffe ich nach einem Monat dreißig. Auf gleiche Weise könnte ich auch in anderen verbesserungswürdigen Bereichen immer etwas mehr tun als nötig, zum Beispiel etwas mehr Geduld, Verständnis oder Mut aufbringen, und meine Leistung durch tägliches Üben und Disziplin langsam steigern.
- *Selbstbeobachtung hilft uns, unsere Schwächen zu verstehen und zu erkennen, wie wir diese Schwächen überwinden können.* Viele von uns wissen einfach nicht, wo sie anfangen sollen. Uns ist nicht immer klar, welche Dinge wir zuerst angehen müssen. Die Verhaltensmuster und Prozesse anderer Menschen können sich von unseren unterscheiden. Was für den einen *Tag fünf* ist, kann für uns *Tag zwei* sein. Wir können in einem Moment bei *Tag vier* stehen, in einem anderen bei *Tag eins* – sogar in derselben Sache. Manchmal werden wir eine Arbeit auf den unterschiedlichen Stufen gleichzeitig erledigen müssen.

Der Schlüssel zu unserem Wachstum und unserer Entwicklung liegt grundsätzlich darin, dort zu beginnen, wo wir stehen – bei unserem *Tag eins*.

Kapitel 6

Der moralische Kompass

Für Manager, die sich durch den Dschungel wechselhafter Zeiten schlagen müssen, sind Landkarten nur von begrenztem Wert. Was sie brauchen, ist ein moralischer Kompass.

In New York wurde ich neulich Zeuge eines gekonnt ausgeführten Überfalls einer Straßengang. Ich bin davon überzeugt, dass die Mitglieder dieser Bande ihre Landkarte, das heißt ihre gemeinsamen Werte haben, von denen der höchste sicherlich lautet, dass man sich gegenseitig nicht betrügen oder verraten darf und ehrlich und loyal zueinander sein muss. Dieser Wert, wie ihn die Gang interpretierte und ausübte, war jedoch nicht »der wahre Norden« – er entsprach nicht dem Prinzip des Respekts vor seinen Mitmenschen und fremdem Eigentum.

Der Gang fehlte ein innerer moralischer Kompass, und Prinzipien sind wie ein Kompass. Ein Kompass zeigt die Nordrichtung an, die *objektiv und von außen vorgegeben* ist und auf Naturgesetzen oder *Prinzipien* beruht, nicht auf subjektiven, persönlichen Werten. Weil ein Kompass die Wahrheiten des Lebens darstellt, müssen wir unser Wertesystem mit tiefem Respekt vor den Prinzipien des »wahren Nordens« entwickeln.

Cecil B. De Mille sagte einst: »Wir können unmöglich das Gesetz brechen. Wir können nur am Gesetz zerbrechen.«

Prinzipien sind bewährte, zeitlose Richtlinien für das menschliche Verhalten. Auch für die menschliche Effektivität gelten bestimmte Prinzipien. Die sechs großen Weltreligionen lehren dieselben Grundüberzeugungen, Prinzipien wie »Du erntest, was Du gesät hast« oder »Taten sind wichtiger als Worte«. Ich sehe eine weltweite Übereinstimmung darüber, welche Prinzipien des »wahren Nordens« existieren. Sie sind objektiv, allgemeingültig und unbestreitbar, zum Beispiel »Vertrauen gewinnt man nur mit Vertrauenswürdigkeit« oder »aus Problemen, in die man sich mit seinem Verhalten hineinmanövriert, kann man sich nicht herausreden«.

Wenn eine größere Zahl von Menschen zusammenkommt, besteht weitgehend Einigkeit darüber, wie die grundlegenden Prinzipien eines Unternehmens aussehen sollten. Meiner Ansicht nach existiert ein universeller Glaube an Gerechtigkeit, Freundlichkeit, Würde, Nächstenliebe, Integrität, Ehrlichkeit, Qualität, Service und Geduld.

Stellen Sie sich vor, wie absurd es wäre, sein Leben oder sein Unternehmen nach gegensätzlichen Prinzipien zu führen. Es gibt wohl niemanden, der Ungerechtigkeit, Betrug, Niedertracht, Nutzlosigkeit, Mittelmäßigkeit oder Erniedrigung ernsthaft als solide Grundlage für anhaltendes Glück und dauerhaften Erfolg betrachtet.

Wir können darüber streiten, wie diese Grundsätze definiert, ausgelegt und in der Praxis angewendet werden sollten, doch im Allgemeinen sind wir uns über den Wert dieser Prinzipien einig. Vielleicht leben wir nicht immer hundertprozentig nach diesen Grundsätzen, aber wir glauben an sie. Und wir wollen auf der Grundlage dieser Prinzipien geführt werden. Menschen möchten im sozialen und wirtschaftlichen Bereich nach »Gesetzen« beurteilt werden, die ebenso wahr, ebenso unveränderlich und ebenso unumstößlich sind wie zum Beispiel das Gesetz der Schwerkraft in der Physik.

In allen seriösen geschichtlichen Studien, ob auf Staaten oder Unternehmen bezogen, treten die Existenz und die Wahrheit dieser Prinzipien klar zutage. Die Prinzipien kommen immer wieder zum Vorschein, und das Maß, in dem Menschen in einer Gesellschaft sie anerkennen und nach ihnen leben, entscheidet über Überleben und Stabilität oder Auflösung und Zerstörung.

In einer Talkshow wurde ich einmal gefragt, ob Hitler Prinzipien gehabt habe. »Nein«, antwortete ich, »aber Werte. Er verstieß jedoch gegen ›Kompass-Prinzipien‹ und hatte die natürlichen Folgen zu tragen. Diese Konsequenzen waren gravierend – die ganze Welt geriet für Jahre aus den Fugen.«

Im Zusammenhang mit offensichtlichen Naturgesetzen haben wir die Wahl, sie zu befolgen oder durch unser Verhalten infrage zu stellen. Ebenso wie diese Gesetze feststehen, sind auch die Konsequenzen vorgezeichnet.

In meinen Seminaren stelle ich meinen Zuhörern gern folgende Frage: »Wenn Sie an Ihre persönlichen Werte denken, woran denken Sie dann?« Die Antworten kreisen meistens um Dinge, die die Seminarteilnehmer sich wünschen. Ich frage dann weiter: »Wenn Sie an Prinzipien denken, woran denken Sie dann?« In den Antworten kommt eine stärkere Orientierung an objektiven Gesetzen, an den Realitäten und am eigenen Gewissen zum Ausdruck.

Prinzipien sind keine Werte. Die Nationalsozialisten in Deutschland hatten ebenso wie die Straßengang gemeinsame Werte, doch diese Werte verstießen gegen grundlegende Prinzipien. Werte sind wie Landkarten, Prinzipien sind die geografische Region. Die Landkarten bilden nicht die geografischen Regionen ab, sondern sind nur der subjektive Versuch, diese zu beschreiben und darzustellen.

Je mehr unsere Landkarten den richtigen Prinzipien entsprechen – den Gegebenheiten des Geländes und den Dingen, wie sie wirklich sind – desto genauer und nützlicher sind sie. Korrekte Landkarten haben einen viel größeren Einfluss auf unsere Effektivität als unsere Bemühungen um eine Änderung von Einstellungen und Verhaltensweisen. Wenn eine Region sich jedoch ständig verändert, ist eine Landkarte schnell veraltet.

Ein Kompass für die Welt von heute

In der Welt von heute brauchen wir einen Kompass. Ein Kompass enthält eine Magnetnadel, die frei schwingt und den magnetischen Norden anzeigt. Seefahrer können mit einem Kompass den Kurs ihres Schiffes bestimmen oder überprüfen. Das englische Wort »compass« bedeutet auch Zirkel, und es kann sich zudem auf den Umfang oder die Grenzen von Zeit und Raum beziehen, auf einen Kreis oder ein Spektrum, auf eine Absicht, einen Zweck oder eine Form, auf Verständnis und Einsicht. Alle diese Bedeutungen ergänzen die Metapher.

Warum leistet ein Kompass in der modernen Geschäftswelt bessere Dienste als eine Landkarte? Meiner Ansicht nach ist der Kompass aus mehreren Gründen für Führungskräfte unverzichtbar:

- Der Kompass hilft Menschen, sich an den Koordinaten zu orientieren, und er gibt auch in Wäldern, Wüsten, auf hoher See und unbesiedeltem Terrain einen Kurs oder eine Richtung vor.
- Wenn die Region sich verändert, veraltet die Landkarte. In Zeiten rasanten Wandels ist eine Karte vielleicht schon überholt und fehlerhaft, wenn sie gedruckt wird.

- Falsche Landkarten können große Frustration bei Menschen hervorrufen, die versuchen, sich im Gelände zu orientieren und ihren Weg zu finden.
- Viele Führungskräfte leisten Pionierarbeit und managen in unerforschten Gewässern oder Urwäldern, für die es noch keine Landkarten gibt.
- Um schnell ans Ziel zu kommen, brauchen wir gut durchdachte Prozesse und klare Produktions- und Vertriebskanäle (Autobahnen). Um in der Wildnis Autobahnen zu finden oder zu bauen, benötigen wir einen Kompass.
- Die Landkarte bietet eine Beschreibung, der Kompass jedoch eine größere Vision und Orientierung.
- Eine korrekte Landkarte ist ein gutes Handwerkszeug für das Management, ein Kompass ein Führungs- und Befähigungsinstrument.

Menschen, die seit vielen Jahren mit Landkarten arbeiten, um ihren Weg zu finden und eine Perspektive und eine Richtung zu erhalten, sollten sich bewusst machen, dass ihre Karten im heutigen Management-Irrgarten womöglich nutzlos sind. Ich empfehle Ihnen, Ihre Karte gegen einen Kompass einzutauschen und sich und Ihre Leute darin zu schulen, mit einem Kompass zu navigieren, der auf feststehende, des Prinzipien »wahren Nordens« und Naturgesetze kalibriert ist.

Warum diese Empfehlung? Mit einer fehlerhaften Landkarte verlaufen Sie sich. Wenn Ihnen nun jemand sagt, dass Sie sich eben mehr anstrengen müssen, verlaufen Sie sich doppelt so schnell. Und wenn Ihnen jemand rät, positiv zu denken, macht es Ihnen nichts mehr aus, dass Sie sich verlaufen haben. Das Problem hat nichts mit Fleiß oder der inneren Einstellung zu tun. Es beruht einzig und allein auf der falschen Landkarte. Ihr Paradigma oder die Stufe Ihres Denkens erstellt Ihre Landkarte der Realität oder Region.

Das Grundproblem der meisten ineffektiven Kulturen ist die Landkarte im Kopf der Menschen, die diesen Zustand mitverursacht haben. Diese Landkarte ist unvollständig, sie basiert auf kurzfristigen Lösungen, auf kurzsichtigem, auf Quartalsergebnisse fokussiertem Denken und auf einer Mangel-Mentalität.

Die Lösung liegt darin, vom Management mit Landkarten (Werten) zu einer Führung mit Kompass (natürlichen Prinzipien) überzugehen. Das

Klima in einem Unternehmen weist immer auf den Stil in der Chefetage zurück – und dieser Stil sollte eigentlich der »wahre Norden« sein. Er beruht jedoch häufig auf Launen, Willkür, Emotionen und Egotrips. Manchmal versteht man unter »dem wahren Norden« ein »Informationssystem« oder »Belohnungssystem«, und diese Systeme lenken dann das Verhalten. Nur was gegossen wird, kann wachsen. Eine Führung mit Prinzipien verlangt, dass Menschen »wie auf einer Farm arbeiten«. Sie wenden dann natürliche landwirtschaftliche Prinzipien an und stellen diese in den Mittelpunkt ihres Lebens, ihrer Beziehungen, ihrer Managementprozesse und ihrer Leitbilder.

Strategische Orientierung

Orientierung per Karte oder Kompass ist eine wichtige strategische Frage, wie auch aus dem folgenden Zitat von Masaharu Matsushita, Präsident des großen japanischen Elektronikkonzerns Panasonic, hervorgeht: »Wir werden gewinnen und der industrialisierte Westen wird verlieren, weil die Gründe für Ihr Scheitern in Ihnen selbst liegen: Das Wesen des Managements besteht Ihrer Ansicht nach darin, die Ideen aus den Köpfen der Chefs in die Hände der Arbeiter zu bekommen.«

Wichtig ist hier der Grund, der für unser »Scheitern« genannt wird. Wir sind gefangen in bestimmten Denkweisen oder Paradigmen, gefangen im Management mit Landkarten, gefangen in alten Führungsmodellen, bei denen die Experten an der Spitze über Ziele, Methoden und Mittel entscheiden.

Dieses strategische Planungsmodell ist überholt. Es ist mit einer alten Landkarte vergleichbar. Das Modell verlangt von der Führungsriege eines Unternehmens, dass sie mit ihrer gesamten Erfahrung, Fachkenntnis, Weisheit und Urteilskraft strategische Zehnjahrespläne ausarbeitet – nur um nach achtzehn Monaten festzustellen, dass die Pläne wertlos sind. Im heutigen Marktumfeld, in dem die Produkteinführungszeit bei achtzehn Monaten und nicht mehr bei fünf Jahren liegt, sind Pläne schnell überholt.

Peter Drucker sagte: »Pläne sind wertlos, aber Planung ist unverzichtbar.« Wenn sich unsere Planung um ein allgemeines Ziel oder eine Vision dreht und wir uns bestimmten Prinzipien verschrieben haben, können die Mitarbeiter, die dem Geschehen in der Wildnis am nächsten sind, diesen Kompass und ihre eigene Fachkenntnis und Urteilskraft einsetzen, um Entscheidungen zu treffen und Maßnahmen zu ergreifen. Jeder Mensch kann seinen eigenen Kompass haben, jeder kann befähigt sein, Ziele zu setzen und Pläne aufzustellen, die den Gegebenheiten des neuen Marktumfelds gerecht werden.

Prinzipien sind keine Praktiken. Praktiken sind spezielle Aktivitäten oder Maßnahmen, die in bestimmten Situationen sinnvoll sind, in anderen vielleicht nicht. Wenn Sie mit Praktiken managen und mit Taktiken führen, müssen Ihre Mitarbeiter keine Fachleute sein. Sie brauchen kein Urteilsvermögen, weil ihnen Urteilsvermögen und Weisheit in Form von Regeln und Vorschriften bereitgestellt werden.

Wenn Sie mit Prinzipien arbeiten, ermächtigen Sie alle Menschen, die diese Prinzipien verstehen, zu handeln, ohne fortwährend beobachtet, bewertet, korrigiert oder kontrolliert zu werden. Prinzipien sind universell anwendbar. Wer Prinzipien verinnerlicht hat, kann ein breites Spektrum von Praktiken kreieren, um unterschiedlichste Situationen zu bewältigen.

Führen mit Prinzipien statt mit Praktiken erfordert eine andere Art von Training, eventuell auch intensiveres Training, doch das Ergebnis ist die Mühe wert: mehr Wissen, mehr Kreativität und geteilte Verantwortung auf allen Ebenen des Unternehmens.

Wenn Sie Mitarbeiter in den *Praktiken* des Kundenservice schulen, werden Sie ein bestimmtes Serviceniveau erreichen. Dieser Service stößt jedoch an seine Grenzen, sobald Kunden mit einem Sonderfall oder einem besonderen Problem an Sie herantreten und damit das übliche Verfahren außer Kraft setzen.

Bevor Menschen konsequent nach dem *Prinzip* des Kundenservice handeln können, müssen sie sich eine neue Denkweise aneignen. In den meisten Fällen brauchen sie eine spezielle Schulung mit Fallbeispielen, Rollenspielen, Simulationen und Coaching am Arbeitsplatz, damit sie das Prinzip verstehen und wissen, wie es bei der Arbeit anzuwenden ist.

Mit dem Kompass gewinnen

»Ein Kompass in jeder Tasche« ist besser als »ein Huhn in jedem Topf« oder ein Auto in jeder Garage, um es in Anlehnung an Präsident Hoover zu formulieren. Mit dem moralischen Kompass können wir selbst die härteste Konkurrenz in den Schatten stellen. Meiner Ansicht nach ordnen die Japaner das Individuum derart der Gruppe unter, dass sie die Kreativität und den Erfindungsreichtum des Einzelnen brachliegen lassen. Ein Indikator hierfür ist die Tatsache, dass Japan bis zum Jahr 1990 nur vier Nobelpreisträger hervorgebracht hat, die USA dagegen 186. Das oberste Führungsprinzip ist die Win-win-Interdependenz, bei der man sowohl als Individuum als auch im Team Erfolg hat.

Sobald Menschen jedoch erkennen, dass dieser »Kompass« als Bewertungsgrundlage dienen wird, auch für den Führungsstil in der Chefetage, fühlen sie sich bedroht.

Der Präsident eines großen Unternehmens bat mich einmal, mich mit ihm und seinem Managementteam zusammenzusetzen. Dem Präsidenten nach waren alle zu sehr darauf bedacht, ihren persönlichen Managementstil beizubehalten, und sie ließen sich vom Leitbild des Unternehmens nicht beeinflussen. Die Führungskräfte glaubten, das Leitbild richte sich nur an die Leute »dort draußen«, die dem Gesetz unterworfen seien, während sie selbst über dem Gesetz stünden.

Die Idee des moralischen Kompasses ist beunruhigend für Menschen, die ihrer eigenen Einschätzung nach über dem Gesetz stehen. Denn die Verfassung, die auf Prinzipien beruht, ist Gesetz und gilt für alle, auch für die Unternehmensspitze. Sie überträgt Menschen die Verantwortung, einen prüfenden Blick auf ihr Leben zu werfen und festzustellen, ob sie bereit sind, sich an die Verfassung zu halten. Alle sind dem Gesetz und den Prinzipien verpflichtet.

Ich kenne mehrere drastische Beispiele für große US-Konzerne, die ihren Unternehmensberatern sagten: »Wir können nicht so weitermachen: Wir dürfen Machbarkeitsstudien und strategische Studien nicht mehr losgelöst von unserer Kultur und unseren Mitarbeitern durchführen.« Diese Führungskräfte haben verstanden, was Michael Porter sagte: »Die A-Umsetzung einer B-Strategie ist besser als eine A-Strategie mit einer B-Umsetzung.«

Fragen und Probleme im Bereich Mitarbeiter/Unternehmenskultur müssen offen angesprochen werden, um die Umsetzung der Strategie zu verbessern und Unternehmensintegrität zu erzielen. Wir müssen bereit sein, eine verfassungsgebende Versammlung abzuhalten, wenn nicht gar eine Revolution einzuläuten, um die Probleme auf den Tisch zu bringen, sie anzugehen und Teilnahme und Mitwirkung zu erzielen, damit wir kluge Entscheidungen fällen können. Das ist ohne Blut, Schweiß und Tränen nicht möglich.

Letztendlich hängt die erfolgreiche Umsetzung einer jeden Strategie davon ab, in welchem Maße sich Menschen den geltenden Prinzipien verpflichtet fühlen und inwieweit sie in der Lage sind, diese Prinzipien in den verschiedenen Situationen mit ihrem eigenen moralischen Kompass anzuwenden.

Kapitel 7

Prinzipienorientierte Führungsstärke

Wirkliche Führungsstärke setzt einen reifen Charakter und die Anwendung bestimmter Instrumente und Prinzipien voraus. Nichtsdestoweniger kommen die meisten Diskussionen über dieses Thema zu dem Ergebnis, dass wahre Führungsgröße entweder auf Vererbung oder dem Vorhandensein bestimmter Persönlichkeitszüge oder der Anwendung bestimmter Verhaltensweisen beruht. Es liegt auf der Hand, dass sich aus diesen Faktoren vielleicht nachträglich Deutungen, aber keinesfalls Prognosen ableiten lassen. Sie erklären, warum sich eine Führungspersönlichkeit entfalten und behaupten konnte, aber sie tragen wenig dazu bei, eine solche Entwicklung vorherzusagen, und noch weniger sagen sie etwas über die Führungseigenschaften an sich aus.

Deshalb ist es vielversprechender, sich einmal mit den Geführten statt mit den Führenden zu beschäftigen und sie die Leistung ihrer Vorgesetzten beurteilen zu lassen.

Drei Arten von Stärke

Die Gründe dafür, warum Mitarbeiter einen Vorgesetzten in seiner Funktion anerkennen, sind vielfältig und komplex. Im Großen und Ganzen können sie in drei Kategorien eingeteilt werden, denen unterschiedliche Annahmen in Bezug auf Motivation und Psychologie zugrunde liegen.

Mitarbeiter können sich aus Angst führen lassen – sie rechnen mit schlimmen Folgen, wenn sie Anweisungen infrage stellen oder missachten. Dies nenne ich *Stärke durch Zwang*. Der Führende hat bei seinen Mitarbeitern die Angst erzeugt, dass sie mit negativen Konsequenzen rechnen oder etwas aufgeben müssen, wenn sie sich nicht fügen. Also arrangieren sie sich oder geben sich zumindest den Anschein von Loyalität, vor allem am Anfang ihrer Firmenzugehörigkeit. Ihr Engagement ist aber oberflächlich, und ihre Energien können schnell in destruktive Kanäle fließen, sobald ihnen niemand mehr über die Schulter blickt oder die befürchtete Sanktion entfällt. So machte der Angestellte einer Fluggesellschaft Schlagzeilen: Am Vorabend seines Abschieds löschte er sämtliche computergespeicherten Flugpläne, weil er sich ungerecht behandelt und manipuliert gefühlt hatte. Das Ergebnis waren Kosten in Höhe von einer Million Dollar, Tausende von umsonst geleisteten Arbeitsstunden und empfindliche Einbußen durch unzufriedene Passagiere.

Mitarbeiter lassen sich auch deshalb führen, weil es ihnen Vorteile einbringt. Dies nenne ich die *Stärke durch Nutzen*, weil die Beziehung auf dem für beide Seiten vorteilhaften Austausch von Gütern und Leistungen beruht. Die Geführten haben etwas anzubieten, was der Führende benötigt – Zeit, Energie, Fähigkeiten, Interesse, Talent, Unterstützung und so weiter. Umgekehrt verhält es sich ebenso: Der Vorgesetzte bietet Wissen, Geld, Aufstiegschancen, ein gutes Betriebsklima, interessante Aufgaben, Sicherheit. In diesem Fall handeln die Mitarbeiter aus dem Glauben heraus, dass ihr Chef ihnen bestimmte Vorteile verschafft, vorausgesetzt, sie halten sich an die Spielregeln und tun auch etwas für ihn. Vieles von dem, was im menschlichen Zusammenleben geschieht – vom Vertragsabschluss in Millionenhöhe im Unternehmen bis hin zum Alltag in der Familie –, beruht letztendlich auf einer Art von Einflussnahme, die beiden Seiten Nutzen verspricht.

Die dritte Möglichkeit der Einflussnahme schließlich unterscheidet sich in ihrer Art und Tragweite von den anderen beiden. Sie beruht auf dem Umstand, dass die Führenden mit dem, was sie tun, in höchstem Maß integer wirken. Deshalb bringt man ihnen Vertrauen entgegen, und sie genießen Respekt. Ihre Führungsstärke wird unbestritten und freiwillig anerkannt, ohne Wenn und Aber. Das ist keinesfalls mit Naivität, blindem Gehorsam oder roboterhafter Dienstbarkeit gleichzusetzen. Vielmehr handelt es sich hier um kluges, aufrichtiges, bedingungsloses Engagement. Dies nenne ich die *prinzipienorientierte Stärke.*

Fast jeder hat im Laufe seines Lebens einmal erfahren, was es heißt, sich der Führung eines Lehrers oder eines Vorgesetzten, eines Familienmitglieds oder eines Freundes anzuvertrauen. Solche Erfahrungen hinterlassen wichtige Spuren. Vielleicht haben Sie einmal eine Chance erhalten, Ihr Können unter Beweis zu stellen, oder jemand hat Sie wieder aufgerichtet, als Sie den Glauben an sich schon verlieren wollten, oder es war einfach ein Gesprächspartner da, der zuhören konnte. Menschen, die uns so führen, glauben an uns – mit dem Ergebnis, dass wir wiederum mit Respekt, Loyalität,

Engagement und einer fast bedingungslosen Bereitschaft, ihre Autorität anzuerkennen, reagieren.

Die beschriebenen drei Arten der Stärke und Einflussnahme haben unterschiedliche Grundlagen und führen zu unterschiedlichen Ergebnissen.

Was bewirkt die Stärke?

Grundlage der Stärke durch Zwang ist auf beiden Seiten die Angst. Meist nehmen Führende zu dieser Art der Machtausübung dann Zuflucht, wenn sie befürchten, dass ihre Mitarbeiter ihre Autorität nicht anerkennen. Eigentlich handelt es sich um eine mit der Prügelstrafe vergleichbare Methode. Nur wenige sprechen sich offen für sie aus, viele wenden sie aber trotzdem an. Entweder erscheint sie den Führenden angesichts noch größerer Gefahren gerechtfertigt, oder sie erscheint ihnen einfach zweckmäßig, und außerdem funktioniert sie doch so gut. Aber es ist eine Illusion zu glauben, dass sie wirklich dauerhaft effektiv ist.

Vorgesetzte, die ihre Mitarbeiter durch Angst unter Kontrolle halten, stellen früher oder später fest, dass ihre vermeintliche Autorität keinen Bestand hat. Sobald sie abwesend sind oder das Kontrollsystem nicht mehr greift, ist auch ihr Einfluss dahin. Oft führt übermäßige Kontrolle auch zur Bündelung vieler Kräfte und Energien der Mitarbeiter, die damit neue, möglichst nicht kontrollierbare Widerstandsformen suchen. Macht durch Zwang erlegt beiden Seiten eine psychologische und emotionale Bürde auf. Sie begünstigt Misstrauen, Täuschung, Verlogenheit und führt, auf lange Sicht gesehen, zu Auflösungserscheinungen.

Die meisten Unternehmen wenden jedoch das Prinzip des beiderseitigen Nutzens an. Diese Art der Einflussnahme setzt ein gewisses Gerechtigkeitsdenken voraus. Solange die Geführten das Gefühl haben, dass Geben und Nehmen sich die Waage halten, sind sie mit der Beziehung zu ihrem Vorgesetzten zufrieden – und umgekehrt. Ihre Beziehung ist eher das Ergebnis einer gelungenen Einflussnahme denn starrer Kontrolle. Die Geführten werden ausschließlich ihrer beruflichen Leistungen wegen respektiert. Sie lassen sich führen, weil es ihnen nützt. Sie können ein klein wenig teilhaben an dem, was die Macht des Führenden ausmacht: Position, Fachwissen oder Charisma. So basieren Führungsleistungen nach dem Prinzip des beiderseitigen Nutzens zwar immer noch auf reaktiven Verhaltensweisen, aber zumindest handelt es sich um eher positive Reaktionen.

Immer mehr setzt sich jedoch auch die Meinung durch, dass Beziehungen, die auf Einflussnahme durch beiderseitigen Nutzen beruhen, eher zu Individualisierung statt zu effektiver Teamarbeit führen. Denn schließlich wird der Einzelne ausgerechnet dafür belohnt, dass er sich auf die eigene Perspektive und die eigenen Interessen konzentriert. Wechselnde Wünsche und Bedürfnisse wirken sich direkt auf das Verhalten des Mitarbeiters aus. Statistiken deuten darauf hin, dass langfristige Loyalität, ob von Führenden oder Geführten, die Ausnahme ist.

Darüber hinaus wird eine Situationsethik gefördert, in der ständig wichtige Entscheidungen fallen, ohne dass jemals ein Konsens darüber herbeigeführt wurde, was im Unternehmen überhaupt als richtig, gerecht und wünschenswert gilt. Im schlimmsten Fall reflektiert die Einflussnahme durch beiderseitigen Nutzen die Werte einer geradezu gerichtsprozesssüchtigen Gesellschaft, in der Gerechtigkeit bei Firmenübernahmen, Ehescheidungen und Konkursverfahren durch Richter erzwungen wird. Im besten Fall spiegelt sie die Bereitschaft, eine Beziehung – ob eine geschäftliche oder eine private – so lange aufrechtzuerhalten, wie sie sich für beide Seiten auszahlt.

Die prinzipienorientierte Führungsstärke kommt selten vor. Sie ist jedoch der Maßstab für die Qualität aller Beziehungen. Ihre Grundlage ist gegenseitiger Respekt. Dieser Respekt, und nichts anderes, veranlasst den Geführten dazu, einen Beitrag zum Wohl des Unternehmens oder der Allgemeinheit zu leisten. Jede prinzipienorientierte Führungsstärke ist daher eng mit einer pro-aktiven Haltung verknüpft, die aber nichts damit zu tun hat, ob dem Geführten, wenn er sich führen lässt, ein unmittelbarer Vorteil entsteht. Vielmehr bedeutet Pro-Aktivität, dass Entscheidungen ausschließlich auf der Grundlage anerkannter Werte getroffen werden. Prinzipienorientierte Führungsstärke entsteht dort, wo die Vorstellungen von Geführten und Führenden zusammenkommen. Sie lässt sich nicht erzwingen. Vielmehr entsteht sie am ehesten dann, wenn beide Seiten ihre jeweiligen Interessen einem höheren Ziel unterordnen. Prinzipienorientierte Führungsstärke setzt also ein gemeinsames Ideal voraus.

Auch bei der prinzipienorientierten Führungsstärke wird Kontrolle ausgeübt, aber nicht von außen, sondern von innen: Es handelt sich um eine Selbst-Kontrolle. Der Führende kann erst Einfluss nehmen, wenn die Geführten innerlich überzeugt sind, dass er vertrauenswürdig ist. Dann schenken sie ihm Glauben und lassen sich führen. Es ist also von grundsätzlicher Bedeutung, dass die Führenden feste Ziele und eine Vision vor Augen haben, dass ihr Charakter, ihr Wesen und alles, wofür sie eintreten, glaubhaft wirken. Prinzipienorientierte Führungsstärke begünstigt ein auf ethischen Grundsätzen beruhendes Verhalten, weil Loyalität sich immer nur im Menschen selbst manifestiert. Ethik bedeutet letztendlich nichts anderes, als sich den richtigen Dingen zu verschreiben. In einer von legitimer Einflussnahme geprägten Beziehung ist man auch einmal bereit, einen Misserfolg zu riskieren. Das Vorbild und die Vision des Führenden weisen auch in schweren Zeiten immer den richtigen Weg.

Führungsentscheidung

Jede Führungskraft muss in ihrer täglichen Arbeit die Weichen für Entscheidungen stellen. Eine besonders große Bedeutung hat diese Weichenstellung, wenn es darum geht, sich für die Art der Einflussnahme zu entscheiden – durch Zwang, gegenseitigen Nutzen oder prinzipienorientierte Führungsstärke. Wofür sich eine Führungskraft entscheidet, hängt von ihrem Charakter – Was für ein Mensch ist sie? Wie wurde sie durch bisherige Entscheidungen geprägt? –, von sozialen Fähigkeiten und Erfahrungen ab. Es ist relativ einfach, sich unter dem Druck äußerer Umstände auf seine Position zu berufen oder Beziehungen spielen zu lassen, um andere auf die eigene Linie zu bringen. Wenn die interaktiven Fähigkeiten eines Vorgesetzten zu wünschen übrig lassen, oder wenn er nicht in der Lage ist, seinen einmal für richtig erkannten Werten treu zu bleiben oder Vertrauen dauerhaft zu festigen, dann wird er in Krisenzeiten fast unweigerlich mit Zwang führen.

Es gibt aber noch weitere Entscheidungsmöglichkeiten. Ein Manager kann beispielsweise Sachwissen entwickeln. Er kann neue Status- und Machtpositionen anstreben. Er kann Informationen sammeln und Ressourcen sichern. Die Einflussnahme durch beiderseitigen Nutzen kann noch effizienter gestaltet werden, indem eine größtmögliche Nähe zu den Geführten angestrebt wird, indem Schwellenängste abgebaut werden, indem formale Verfahren vereinfacht werden, um funktionale Beziehungen zu ermöglichen, und indem den Geführten einfachere Weg eröffnet werden, um solche funktionalen Beziehungen selbst aufzubauen. All dies sind taktische Mittel, mit denen man den beiderseitigen Nutzen erhöhen kann.

Eine Führungskraft, die eine prinzipienorientierte Führungsstärke anstrebt, muss sich dagegen langfristig engagieren. Vertrauen kann in zwi-

Grafik 4: Der Prozess der Einflussnahme

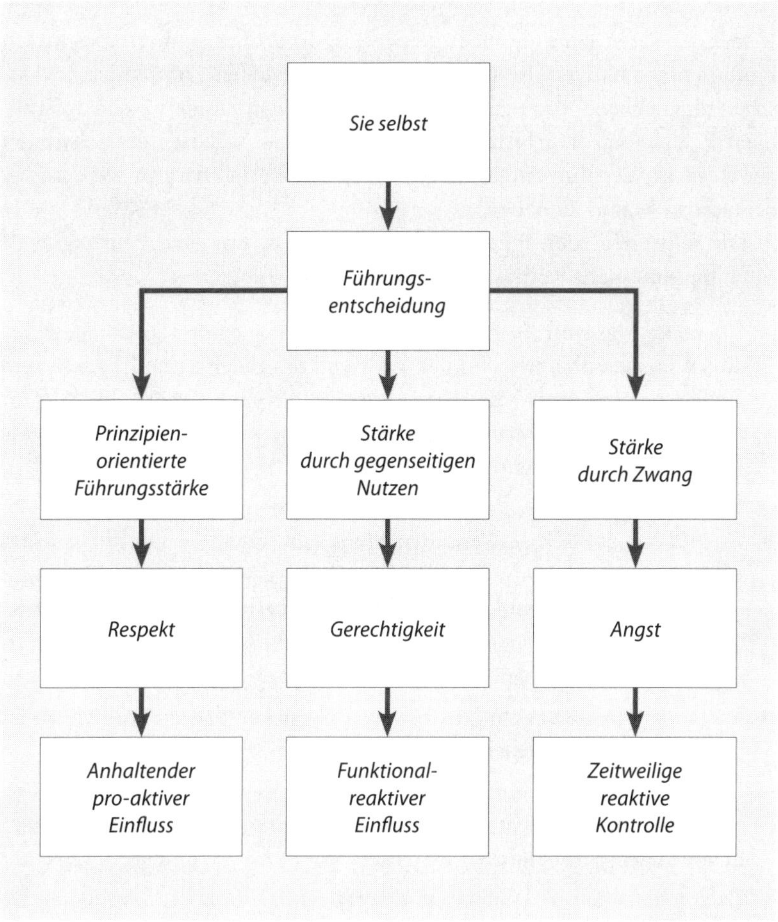

schenmenschlichen Beziehungen – der Grundlage legitimer Einflussnahme – nicht ad hoc hergestellt werden. Ehrlichkeit lässt sich nicht vortäuschen. Früher oder später entlarven sich die Führenden selbst. Letztendlich ist »nur« ihre Persönlichkeit ausschlaggebend dafür, wie legitim ihre Macht wirklich ist, unabhängig davon, welcher Nutzen den Geführten daraus erwächst.

Zehn Instrumente der Einflussnahme

Je mehr Respekt ein Führender genießt, desto größer sind seine legitimen Einflussmöglichkeiten. In dem Maß, wie er es versteht, mit anderen Menschen umzugehen – dazu gehören seine Wirkung auf andere, seine interaktiven Fähigkeiten und bisherigen Erfahrungen –, wächst oder schwindet der Respekt, der ihm entgegengebracht wird. Respektiert zu werden, bedeutet also Macht zu haben.

Die folgenden zehn Punkte sollen illustrieren, was eine Führungskraft tun kann, um mehr Respekt und Einfluss zu gewinnen.

- *Überzeugungskraft.* Begründen Sie Ihre Positionen und stellen Sie Pläne und Wünsche überzeugend dar, während Sie gleichzeitig die Ideen und die Perspektive Ihrer Mitarbeiter aufrichtig respektieren; gehen Sie auf das Was, Wie und Warum ein; halten Sie den Kommunikationsprozess so lange in Gang, bis die Ergebnisse beide Seiten wirklich zufriedenstellen.
- *Geduld* mit dem Prozess und den Menschen. Ob es sich um Fehler und Misserfolge handelt, die von den Mitarbeitern verursacht werden, oder um Ihre eigene Ungeduld, bevor Sie ein Ziel erreichen: Solche kurzfristigen Widerstände dürfen Ihren Blick auf die langfristig angestrebten Ergebnisse nicht trüben.
- *Sanftheit.* Seien Sie nicht hart oder taktlos, wenn der andere sich öffnet und dadurch verletzbar wird.
- *Lernbereitschaft.* Akzeptieren Sie, dass auch Sie nicht auf alles eine Antwort bieten können; versuchen Sie, von den Standpunkten, Urteilen und Erfahrungen der Geführten zu lernen.
- *Toleranz.* Gehen Sie sparsam mit negativen Werturteilen um, halten Sie sich im Zweifel an das Unschuldsprinzip, und fördern Sie das Selbstwertgefühl Ihrer Mitarbeiter auch dann, wenn sie gerade nicht in Bestform sind.
- *Freundlichkeit.* Seien Sie einfühlsam, rücksichtsvoll und denken Sie an die kleinen Dinge (die eigentlich die großen Dinge sind), mit denen Beziehungen am Leben erhalten werden.
- *Offenheit.* Informieren Sie sich so genau und umfassend wie möglich über Zukunftschancen und Perspektiven der Geführten, und respektieren Sie zugleich ihre gegenwärtige Situation. Berücksichtigen Sie auch

Absichten, Wünsche, Werte und Ziele der Geführten, um zu vermeiden, dass Sie sich ausschließlich auf ihr Verhalten konzentrieren.

- *Mitfühlende Konfrontation.* Akzeptieren Sie Fehler und Irrtümer, und haben Sie Verständnis für »Kurskorrekturen«; in einem Klima echter Wärme wissen die Geführten, dass sie auch einmal etwas wagen können.
- *Innere Beständigkeit.* Ihr Führungsstil beschränkt sich nicht nur auf Techniken, die Sie nur dann ins Spiel bringen, wenn Sie etwas nicht durchsetzen können, vor einer Krise stehen oder in eine Sackgasse geraten sind. Stattdessen leben Sie kontinuierlich Ihre Werte vor und verzichten darauf, ein Bild von sich zu vermitteln, kurz: Ihr Führungsstil reflektiert, wer Sie sind und wer Sie einmal sein werden.
- *Integrität.* Worte und Gefühle stimmen mit Gedanken und Handlungen überein. Ohne schlechte Absichten, ohne Vorteilsdenken und ohne Kontrollbedürfnis haben Sie das Wohl Ihrer Mitarbeiter im Sinn. Sie streben nach Kongruenz und überprüfen regelmäßig Ihre Ziele.

Es fällt uns leicht, diese Prinzipien und Ideale berühmten Führungspersönlichkeiten zuzuordnen, wie etwa Mahatma Gandhi. Im Alltagsleben sind sie schon schwerer aufzuspüren. Gandhi antwortete auf diesen Einwand: »Ich behaupte, dass ich nicht mehr und nicht weniger als ein durchschnittlicher Mensch mit unterdurchschnittlichen Fähigkeiten bin. Ich bin kein Visionär. Ich bin ein praktischer Idealist. Mir kommt auch kein besonderer Verdienst für meine Mühen zu. Ich habe nicht den leisesten Zweifel, dass jeder Mann oder jede Frau das erreichen kann, was ich erreicht habe, wenn sie die gleichen Anstrengungen unternehmen und von der gleichen Hoffnung und vom gleichen Glauben beseelt sind.«

Führungskräfte, die das Prinzip der prinzipienorientierten Führungsstärke bewusst für sich annehmen und verwirklichen wollen, stellen fest, dass sie in ihren Ansprüchen an die Mitarbeiter vorsichtiger werden, aber gleichzeitig auch mehr Zuversicht entwickeln. Je besser sie das Verhältnis zwischen Einflussnahme und Führung verstehen, desto mehr bildet sich ihre Fähigkeit aus, Menschen ohne Zwang zu führen. Sie erlangen einen ungeahnten inneren Frieden, weil sie klüger und effektiver führen.

Kapitel 8

Freie Bahn der Kommunikation

In der Wurzel der meisten Kommunikationsprobleme liegen eigentlich Wahrnehmungs- und Glaubwürdigkeitsprobleme. Wir sehen die Welt nicht so, wie sie wirklich ist, sondern wir sehen sie so, wie wir sie entsprechend unserem Bezugsrahmen oder unseren »Landkarten« definieren. Erfahrungen bestimmen die Wahrnehmung, und diese wiederum beeinflusst unsere Gefühle, unsere Einstellungen und unsere Verhaltensweisen in hohem Maß.

Wahrnehmung und Glaubhaftigkeit

Schwierigkeiten in den Bereichen Wahrnehmung und Glaubhaftigkeit können äußerst komplizierte Situationen schaffen, ob wir sie nun »Persönlichkeitskonflikte« oder »Kommunikationsstörungen« nennen. Wer von uns ist nicht überzeugt davon, er sehe die Welt genau so, wie sie ist, und nicht etwa so, wie sein persönliches Weltbild es ihn glauben machen will? Weil wir uns dieses Irrtums nicht bewusst sind, stellen wir uns allzu häufig auf den Standpunkt: »Wenn du mir nicht zustimmst, hast du automatisch Unrecht, einfach weil ich sicher bin, selbst im Recht zu sein.«

Was geschieht nun, wenn wir Menschen mit anderen Meinungen nicht respektieren, sondern einfach ins Unrecht setzen? Sie versuchen, sich zu schützen, und die beste Abwehr gegen weitere Verletzungen liegt darin, uns ein Etikett zu verpassen, uns so lange hinter geistige und emotionale Gitter zu verbannen, bis wir unsere Schuld bis auf den »letzten Heller« abbezahlt haben. Die meisten derartigen Probleme mit der Glaubhaftigkeit von Standpunkten können gelöst werden, sobald zumindest einer der Beteiligten erkennt, dass es sich im Grunde um ein Wahrnehmungsproblem handelt.

Einstellungen und Verhaltensweisen

Es gibt bestimmte Einstellungen und Verhaltensweisen, die wesentlich zu einer gelungenen Kommunikation beitragen.

Einstellungen

- Ich unterstelle dir keine schlechte Absicht und zweifle weder an deiner Aufrichtigkeit noch an deiner Vernunft.
- Unsere Beziehung ist mir wichtig, und ich möchte unsere unterschiedlichen Auffassungen klären. Hilf mir, die Angelegenheit aus deiner Perspektive zu sehen.
- Ich bin offen für andere Sichtweisen und bereit, mich zu ändern.

Verhaltensweisen

- Höre zu, um zu verstehen.
- Rede, um verstanden zu werden.
- Beginne einen Dialog entweder mit einem gemeinsamen Bezugspunkt oder mit einem Punkt, an dem Übereinstimmung herrscht, und taste dich dann langsam in die Bereiche vor, in denen die Meinungen auseinandergehen.

Diese sechs Einstellungen und Verhaltensweisen ermöglichen es, für beinahe jedes Problem der Wahrnehmung in der Kommunikation eine Lösung zu finden.

Häufig ändern Menschen, die diese Zusammenhänge verstanden haben, ihren Sprachstil. »So ist es« wird ersetzt durch »So sehe ich es«. Anstatt zu sagen: »Das ist klar«, heißt es: »Meiner Meinung nach …« oder: »Ich sehe die Sache so …«. Damit teilt der Sprecher mit, dass er seine Gesprächspartner ernst nimmt. Er vermittelt ihnen: »Es ist mir wichtig, dass wir uns verstehen. Ebenso wie meine Ansichten und Gefühle verdienen es deine, gehört und verstanden zu werden.«

Meinungsverschiedenheiten können mit diesem neuen Sprachstil etwa folgendermaßen kommentiert werden. »Schön, du siehst die Sache anders. Ich möchte begreifen, wie du sie siehst.« Wir sagen nicht: »Ich habe Recht, und du nicht«, sondern wir sagen: »Ich sehe das anders. Lass mich nachvollziehen, wie du die Dinge siehst.«

Sprache und Beziehungen

Ich werde nie vergessen, wie mich ein Freund einmal um Hilfe bat, weil er in der Beziehung zu seinem heranwachsenden Sohn nicht mehr ein noch aus wusste. »Wenn ich das Zimmer betrete, in dem er liest oder fernsieht, steht er auf und geht hinaus – so schlimm steht es mit uns«, erzählte er.

Ich schlug ihm vor, zunächst einmal zu versuchen, seinen Sohn zu verstehen, statt sich ausschließlich auf den umgekehrten Weg zu versteifen. Er antwortete: »Ich verstehe ihn durchaus. Er muss aber zuerst einmal lernen, seine Eltern zu respektieren. Er muss begreifen, was wir alles für ihn tun.«

»Wenn dein Sohn sich wirklich öffnen soll, dann musst du davon ausgehen, dass du ihn nicht verstehst und vielleicht nie ganz verstehen wirst. Du musst ihm klarmachen, dass du das aber gerne möchtest und es versuchen willst.«

Schließlich erklärte sich der Vater einverstanden, von dieser Annahme auszugehen, da er keinen anderen Ausweg mehr sah. Ich versicherte ihm, er müsse sich auf das Gespräch gut vorbereiten, weil es seine Geduld und Selbstbeherrschung auf eine harte Probe stellen würde.

Am nächsten Abend gegen zwanzig Uhr setzte sich der Vater zu seinem Sohn und sagte: »Das Verhältnis zwischen uns beiden gefällt mir nicht. Ich möchte gerne wissen, was wir tun können, um es zu verbessern. Vielleicht habe ich mir nicht genug Zeit genommen, um dich wirklich zu verstehen.«

»Das kann man wohl sagen, dass du das nicht getan hast! Du hast mich noch nie verstanden!«, gab der Sohn hitzig zurück. Innerlich kochte der Vater schon, und er musste seine ganze Willenskraft zusammennehmen, um nicht zurückzugeben: »Undankbarer Bengel! Du glaubst, ich verstehe dich nicht! Ich bin schließlich durch eine harte Schule gegangen. Ich kenne das Leben!« Aber er beherrschte sich und sagte: »Nun, vielleicht habe ich das wirklich nicht. Jetzt jedenfalls möchte ich das gerne. Kannst du mir dabei helfen? Wie war das beispielsweise vergangene Woche, als wir uns über das Auto gestritten haben? Kannst du mir sagen, wie du die Sache gesehen hast?«

Der Sohn war immer noch zornig und verteidigte seinen Standpunkt in der Auseinandersetzung. Sein Vater konnte gerade noch den Impuls unterdrücken, seine eigene Position entgegenzusetzen. Stattdessen hörte er ruhig zu. Er war froh, dass er sich schon vor dem Gespräch auf eine harte Geduldsprobe eingestellt hatte.

Während er zuhörte, geschah etwas Entscheidendes. Der Junge baute seinen Widerstand nach und nach ab. Schrittweise verließ er die Defensive und begann, offener als je zuvor über seine wirklichen Probleme und Gefühle zu sprechen. Der Vater war so überwältigt, dass er kaum fassen konnte, was geschah. Auch er öffnete sich und redete über einige seiner innersten Gefühle und Sorgen. Er beschrieb auch, wie er das Verhältnis zu seinem Sohn bisher gesehen hatte. Zum ersten Mal seit Jahren griffen die beiden einander nicht an und trieben sich nicht gegenseitig in die Defensive, sondern sie versuchten aufrichtig, einander zu verstehen. Es war ein Glückstag für beide!

Gegen halb elf kam die Mutter herein und meinte, es sei Zeit, zu Bett zu gehen. Der Vater sagte, sie redeten gerade »zum ersten Mal«, und er wolle jetzt nicht aufhören. Sie sprachen noch bis nach Mitternacht über viele Dinge, die ihnen wichtig waren. Als mein Freund mir ein paar Tage später davon erzählte, meinte er gerührt: »Ich habe das Gefühl, meinen Sohn wiedergefunden zu haben, und er hat wieder zu seinem Vater gefunden.« Er war unbeschreiblich froh, dass er sich auf das Wagnis eingelassen hatte, zuerst zu verstehen, bevor er selbst verstanden wurde.

Die entscheidende Dimension in der Kommunikation ist die Beziehung. Viele scheinbar unüberwindliche Hindernisse stehen einem guten Gespräch im Weg, wenn die zwischenmenschlichen Beziehungen schlecht sind. In einer belasteten Beziehung müssen wir jedes Wort sorgfältig abwägen, weil wir den anderen kränken, einen Wutanfall auslösen oder falsch verstanden werden könnten. Er ist misstrauisch und fühlt sich schnell beleidigt, statt erst einmal zu versuchen, Bedeutung und Inhalt unserer Worte zu ergründen.

Andererseits können wir in einer harmonischen Beziehung fast ohne Worte kommunizieren. Wo ein hohes Maß an Vertrauen und Wohlwollen herrscht, müssen wir nicht jedes Wort auf die Goldwaage legen. Ob mit oder ohne Lächeln, es gelingt uns immer, unsere Botschaft zu vermitteln und verstanden zu werden. Eine Beziehung dagegen, die auf tönernen Füßen steht, wird auch durch noch so viele Worte nicht besser; denn die Worte enthalten keine Bedeutung – diese erhalten sie erst durch uns.

Der Schlüssel zu einer effektiven Kommunikation ist also die zwischenmenschliche Beziehung. In dem Moment, in dem wir in diese besondere Beziehung treten, fangen wir an, die Kommunikation anders zu gestalten. Wir fangen an, Vertrauen aufzubauen. Stellen Sie sich vor, was ein privater Besuch bei jedem Ihrer Angestellten bewirken könnte, ein privates Essen mit einem Geschäftspartner, ein Schwatz mit einem Klienten! In dieser Zeit können Sie sich ausschließlich auf die Interessen, Sorgen, Bedürfnisse, Hoffnungen, Ängste und Zweifel Ihres Gegenübers konzentrieren.

Es gibt ein beeindruckendes Poster mit einer Gebirgsszene, das den Betrachter auffordert: »Lassen Sie sich einen Tag lang vom Berg einnehmen.« Wir könnten in Abwandlung dieses Mottos auch sagen: »Lassen Sie sich eine Stunde lang von Ihrem Kunden einnehmen«, oder: »Lassen Sie sich einen Abend lang von Ihrem Ehepartner einnehmen«. Versuchen Sie, sich ganz und gar der anderen Person zuzuwenden und persönliche Interessen, Sorgen und Bedürfnisse zurückzustellen. Seien Sie ganz bei Ihrem Manager, Kunden oder Partner. Hören Sie einfach zu, und ordnen Sie Ihre Gefühle denen Ihres Gesprächspartners unter.

Fähigkeiten und Sicherheit

Die Kommunikationsfähigkeiten sind mit einem Eisberg vergleichbar: Der kleine, sichtbare Teil des Eisbergs stellt dabei die Ebene der kommunikativen Fähigkeiten dar. Die große Masse des Eisbergs, ruhig und unsichtbar unter der Oberfläche, verkörpert dagegen die Ebene der Einstellung und Motivation. Man könnte sie das Fundament der Sicherheit eines Menschen nennen. Wenn wir unsere kommunikativen Fähigkeiten nachhaltig und langfristig verbessern wollen, müssen wir beide Ebenen berücksichtigen: die Fähigkeiten und die Sicherheit.

Effektive Kommunikation erfordert bestimmte Fähigkeiten, und der Aufbau von Fähigkeiten erfordert Übung. Niemand wird ein besserer Tennisspieler, indem er lediglich Bücher über Tennis liest oder guten Tennisspielern zuschaut. Er muss auf den Platz gehen und das Gelesene oder Gesehene selbst üben. Dabei durchläuft er die verschiedenen Ebenen des Könnens.

Für die Verbesserung der zwischenmenschlichen Fähigkeiten gilt derselbe Prozess. Aber leider täuschen viele Menschen zwischenmenschliche Fähigkeiten nur vor, weil sie nicht mit dem Stigma eines »Anfängers« behaftet sein wollen. Manche sind auch grundsätzlich nicht bereit, sich einem Lernprozess zu stellen, oder sie haben gar kein Interesse daran, ihre Fähigkeiten als einfühlende Zuhörer zu verbessern. Dennoch gibt es nur eine Methode, uns weiterzuentwickeln: Wir müssen akzeptieren, wo wir jetzt stehen.

Ich hörte einmal eine Geschichte, die diesen Gedanken gut veranschaulicht. Ein junger Mann suchte seinen Arzt auf und beschwerte sich ausgiebig über die in seinem Leben herrschende Langeweile. Er hatte ein Gefühl der Ruhelosigkeit und gleichzeitig auch der Lähmung. Im Wesentlichen sagte er: »Ich lebe völlig mechanisch, und eigentlich ist mir alles egal. Mein Leben ist Routine, es gibt nichts Spannendes mehr darin.«

Nach der Untersuchung bescheinigte ihm der Arzt völlige körperliche Gesundheit. Aber er spürte, dass sein Patient tief im Inneren ein Problem mit einer geistigen Dimension hatte.

»Ich möchte Ihnen etwas verordnen und bitte Sie darum, meine Anweisungen einen Tag lang zu befolgen«, sagte der Arzt. »Erstens, welches ist Ihr Lieblingsort?«

»Ich weiß nicht«, antwortete der Patient schnell.

»Wo waren Sie als Kind am liebsten? Was haben Sie wirklich gern getan?«

»Ich war gern am Strand.«

Der Arzt sagte: »Hier sind drei Rezepte, die Sie mit an den Strand nehmen sollen. Das erste ist für neun Uhr, das nächste für zwölf Uhr und das letzte für fünfzehn Uhr. Sie müssen versprechen, dass Sie die Rezepte erst dann lesen, wenn es Zeit dafür ist. Einverstanden?«

»So etwas habe ich noch nie gehört«, gab der Patient misstrauisch zurück.

»Mag sein, aber ich glaube, dass es Ihnen wirklich helfen wird.«

Also nahm der ruhelose junge Mann die Rezepte und ging an den Strand. Wie befohlen, war er um neun Uhr morgens da, ohne Begleitung. Es gab kein Radio, kein Telefon, keine Firma. Er war allein mit dem Strand und seinem Rezept, das er sofort las. Es enthielt nur einen Satz: »Hören Sie genau hin.«

»Ich fasse es nicht!«, rief der Mann. »Drei Stunden lang!« Nach einer Minute langweilte er sich. Nachdem er zugehört hatte, wie die Möwen über ihm flogen und die Brandung an die Felsen schlug, fragte er sich, was er hier drei Stunden lang tun sollte. »Aber ich habe es versprochen«, meinte er. »Ich werde mich daran halten. Es ist ja nur für einen Tag.«

Bald begann er, genauer über die Idee, sorgfältig zuzuhören, nachzudenken. Er konzentrierte sich auf sein Gehör und hörte bald Töne, die er vorher nie identifiziert hatte. Er hörte zwei unterschiedliche Brandungen. Er hörte verschiedene Vogelarten. Er hörte die Sandkrabben. Er hörte Geräusche, von denen er gar nicht sagen konnte, woher sie genau stammten.

Bald eröffnete sich ihm eine ganz neue und faszinierende Welt. Er entspannte sich und fand in eine meditative, friedliche Stimmung. Er versenkte sich so darin, dass er richtig enttäuscht war, als es Mittag wurde. Aber er hielt sich an die Anweisung seines Arztes und las das zweite Rezept.

Auch dieses Mal bestand es nur aus einem Satz: »Versuchen Sie, sich zu erinnern.« Zunächst ärgerte er sich über die rätselhafte Botschaft, aber dann begann er, sich an seine Kindheit zu erinnern, in der er so oft an diesem Strand gespielt hatte. Eine Episode nach der anderen fiel ihm wieder ein. Er erinnerte sich, wie er mit seiner Familie zusammen am Strand gegrillt hatte. Er erinnerte sich, wie sein Bruder, der im Zweiten Weltkrieg umgekommen war, einmal am Strand entlanggelaufen war, voller Freude darüber, dass die Schule zu Ende war. Ein tiefes Gefühl der Nostalgie überkam ihn und weckte viele positive Gefühle und Erinnerungen. Er war tief in seine Erinnerungen versunken, als es drei Uhr wurde. Wieder öffnete er nur widerwillig das nächste Rezept, weil er aus seinen Erinnerungen wieder auftauchen musste.

Das dritte Rezept lautete: »Untersuchen Sie Ihre Motive.« Das war die bislang schwierigste Aufgabe. Sie betraf den Kern seines Problems, und er wusste es sofort. Er begann, sich selbst zu erforschen. Er ging jede Facette seines Lebens durch – unterschiedliche Situationen mit unterschiedlichen Menschen. Dabei machte er eine sehr schmerzliche Entdeckung: Sein vorherrschender Charakterzug war der Egoismus. Er stellte sich selbst nie zurück, er identifizierte sich nie mit einem höheren Zweck, einer guten Sache, sondern fragte immer: »Und was habe ich davon?«

Damit hatte er die Wurzel seiner Langeweile, seines Überdrusses, seines trostlosen Lebens, seines Leidens unter der Routine entdeckt. Um sechs Uhr abends war er vollkommen entspannt. Er hatte sich erinnert und tief in sein eigenes Ich hineingesehen. Im Lauf des Tages hatte er einige Vorsätze für sein weiteres Leben gefasst. Er hatte begonnen, sich zu ändern.

Es ist sehr viel innere Sicherheit erforderlich, um jemandem aufrichtig zuhören zu können, wenn es um die wirklich wichtigen Themen im Leben geht. Schließlich werden unsere empfindlichen Stellen freigelegt, und es besteht die Möglichkeit, dass wir uns ändern könnten. Aber wenn wir uns im Innersten unsicher fühlen, können wir es uns nicht leisten, das Risiko einer Veränderung einzugehen. Wir glauben, auf Vorhersagbarkeit und Gewissheit pochen zu müssen. Aber damit handeln wir voreingenommen: Wir urteilen schon vorher und berauben uns selbst der Chance, Neues zu erleben und neue Wege zu gehen.

Wenn wir durch einfühlsames Zuhören verändert oder beeinflusst werden, müssen wir sagen können: »Ich akzeptiere es – denn letztlich bleibe ich immer ich selbst.« Unser Innerstes verändert sich nicht. Unser wahres Selbst besteht aus einem Kern von Werten und Gefühlen, die unabhängig davon sind, wie andere uns behandeln. Dies ist unser unverletzbares Selbst, unsere echte Identität.

Logik und Gefühl

Voraussetzung für eine effektive beidseitige Kommunikation ist, dass beide Seiten den Inhalt und die Absicht der übermittelten Botschaft erfassen und die Sprachen der Logik und des Gefühls beherrschen.

Damit meine ich zwei sehr unterschiedliche Sprachen, wobei die Sprache des Gefühls weit motivierender und stärker ist. Aus diesem Grund ist es auch so wichtig, hauptsächlich mit Augen und Herz zuzuhören, und dann erst mit den Ohren. Unser Ziel muss sein, die Absicht der Botschaft zu verstehen, ohne ihren Inhalt von vornherein zu verwerfen. Dies wird uns gelingen, wenn wir dem anderen Zeit lassen, wenn wir geduldig sind, wenn wir verstehen wollen, bevor wir selbst verstanden werden, und wenn wir unsere Gefühle offen ausdrücken.

Am effektivsten können wir dann unseren eigenen Standpunkt darlegen, wenn wir vorher unter Beweis stellen, dass wir denjenigen unseres Gesprächspartners bis ins Detail verstanden haben. Fassen Sie ihn zu diesem Zweck so präzise wie möglich zusammen. Auch effektive Präsentationen beginnen mit einer Bestimmung der Ist-Situation.

Mitgefühl und Einfühlungsvermögen

Die bisher beschriebenen Anforderungen – uneingeschränkte Aufmerksamkeit während eines Gesprächs, völlige Hingabe unter Zurückstellung eigener Bedürfnisse, Verständnis für andere Sichtweisen – erfordern Mut und Geduld. Beides können Sie aufbringen, wenn Sie in sich selbst ruhen. Die daraus erwachsende Sicherheit ermöglicht es ihnen, offen für Veränderungen zu sein und sich in das Denken und Fühlen anderer hineinzuversetzen, um die Welt mit ihren Augen sehen zu können. Aber Vorsicht: Damit ist nicht gemeint, dass Sie so fühlen sollen, wie Ihr Gesprächspartner es tut.

Das wäre Mitgefühl. Stattdessen verstehen Sie seine Gefühle, weil Sie seine Sichtweise kennen. Das ist Einfühlungsvermögen.

Einfühlungsvermögen ist ein außerordentlich wichtiger Faktor in der Kommunikation, weil andere daran erkennen, dass Sie offen, lernbereit und beeinflussbar sind. Denken Sie daran, dass Sie nur dann Einfluss auf andere nehmen können, wenn diese das Gefühl haben, auch Sie beeinflussen zu können. Wenn wir darüber hinaus noch lernen zuzuhören und zuerst zu verstehen, bevor wir verstanden werden, haben wir schon viel zu einer gelungenen Kommunikation beigetragen. Immer wieder machen wir dann die Erfahrung, dass es zwecklos ist, mit dem Verstand das Herz beherrschen zu wollen. Wir akzeptieren, dass es eine Sprache der Logik und eine Sprache des Gefühls gibt und dass die Menschen eher nach dem Gefühl als nach dem Verstand handeln. Wir sehen, dass Kommunikation fast unmöglich ist, wenn die Gesprächspartner einander nur Schlechtes unterstellen. Wir lernen, dass die Angst im Herzen sitzt; um sie zu vertreiben, müssen wir unsere Beziehungen verbessern.

Kommunikation ist also weniger eine Sache des Intellekts als des Vertrauens. Sie setzt voraus, dass wir Gedanken und Gefühle des anderen akzeptieren und seine Standpunkte respektieren.

Im Unternehmen haben unsere Bemühungen, die Kommunikation zu verbessern, erst dann Aussicht auf Erfolg, wenn sie in den Rahmen der prinzipienorientierten Führung eingebettet sind. Menschen und Beziehungen sind das Fundament. Worauf sollten Initiativen zur Verbesserung sonst aufbauen? Effektive Kommunikation entsteht nur auf dem festen Boden des Vertrauens. Und Vertrauen basiert auf Glaubwürdigkeit, nicht auf Politik.

Kapitel 9

Dreißig Wege der Einflussnahme

Wir alle möchten im Privatleben und im Beruf positiven Einfluss auf Menschen nehmen. Die Motive dafür sind vielfältig: Wir wollen neue Geschäftsverbindungen knüpfen, Kunden halten, Freundschaften pflegen, Verhaltensweisen ändern oder Ehe und Familienleben verbessern.

Aber wie erreichen wir das? Wie können wir andere Menschen beeinflussen, ohne dabei ethische Grundsätze zu verletzen und sie zu manipulieren? Ich gehe davon aus, dass alle Mittel sich unter drei Verhaltenskategorien zusammenfassen lassen:

1. Vorbild sein: die anderen Menschen *sehen*;
2. gute Beziehungen aufbauen: sie *fühlen*;
3. Anleitung geben: andere *hören*.

Die folgenden dreißig Methoden der Einflussnahme lassen sich in diese drei Kategorien einordnen.

Vorbild: Wer sind Sie und wie handeln Sie?

1. *Liegt Ihnen ein unfreundliches Wort auf der Zunge? Behalten Sie es für sich*, vor allem dann, wenn Sie provoziert wurden oder müde sind. Unter solchen Umständen stellt Schweigen die höchste Form der Selbstbeherrschung dar. Wir brauchen einen Maßstab dafür, wann wir uns beherrschen müssen und wann nicht. Ansonsten werden unsere Mitarbeiter wahrscheinlich die Leidtragenden sein. Vielleicht müssen wir neue Kriterien suchen, an denen wir uns orientieren können. Wir müssen innere Kämpfe mit uns selbst austragen, statt außen nach Blitzableitern zu suchen; wir müssen unsere Motive klären, Kontrolle über

Grafik 5: Pyramide der Einflussnahme

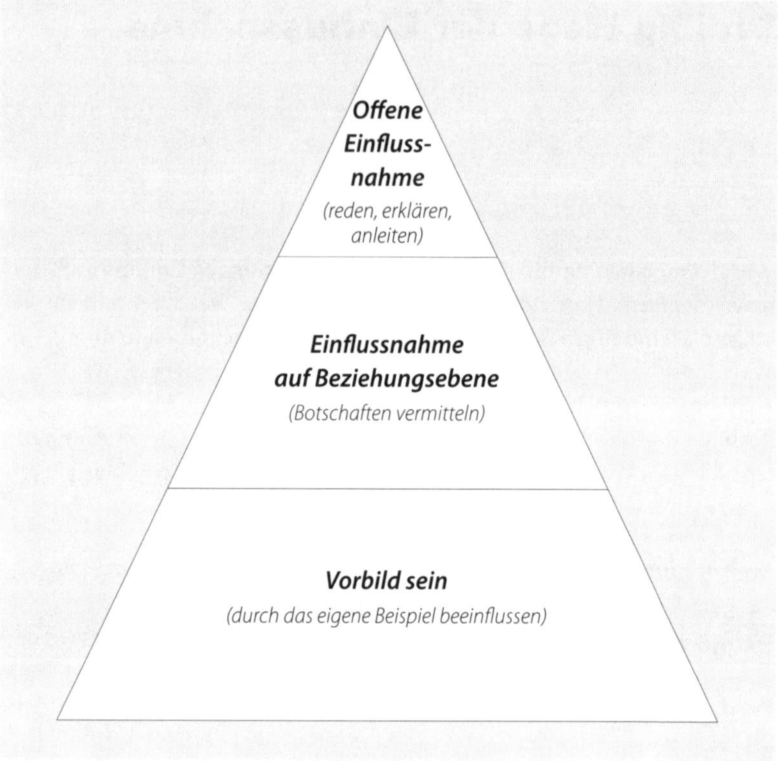

©FranklinCovey

unsere Reaktionen gewinnen und aufhören, aus dem augenblicklichen Ärger heraus Schläge auszuteilen.

2. *Haben Sie Geduld mit anderen.* In Zeiten, in denen wir unter großem Druck stehen, macht sich die Ungeduld am stärksten bemerkbar. Wir sagen Dinge, die wir nicht wirklich meinen und die in keinem Verhältnis zum Anlass stehen. Wir ziehen uns in die Schmollecke zurück, kommunizieren durch Gefühle und nonverbale Botschaften, um Kritik, Verurteilung und Ablehnung auszudrücken. Das Ende vom Lied: verletzte Gefühle und angespannte Beziehungen. Geduld ist die praktische Umsetzung von Glaube, Hoffnung, Weisheit und Liebe. Geduld zu üben,

ist im Grunde also ein sehr aktiver Vorgang, dem die Annahme zugrunde liegt, dass natürliches Wachstum in kleinen Schritten verläuft. Das Leben bietet eine Überfülle an Gelegenheiten, um Geduld zu üben: Ein Freund lässt Sie warten; ein Flugzeug hat sich verspätet; Sie schenken Ihrem Kind volle Aufmerksamkeit für ein Gespräch, auch wenn Sie schon längst auf dem Weg zur Arbeit sein müssten.

3. *Trennen Sie den Menschen von seinem Verhalten und seiner Leistung.* Damit will ich nicht sagen, dass Sie schlechtes Benehmen und miserable Leistungen gutheißen sollen. Wir dürfen jedoch nicht vergessen, dass jeder Mensch es verdient, geachtet zu werden. Verzichten Sie also auf nutzlose Vergleiche und herablassende Urteile. Damit haben Sie gleichzeitig ein hervorragendes Mittel, um Mitarbeiter zu besseren Leistungen anzuspornen. Vergessen Sie aber nicht: Die Fähigkeit, zwischen dem Menschen und seiner Leistung zu unterscheiden und damit auch innere Werte zu vermitteln, ist ein Ergebnis Ihres eigenen Selbstwertgefühls!

4. *Tun Sie Gutes im Verborgenen!* Für einen Menschen etwas Gutes zu tun, ohne sich als den Urheber zu erkennen zu geben, steigert das eigene Selbstwertgefühl und die Selbstachtung. Sein Wert wird uns viel bewusster, wenn wir ihm einen Dienst erweisen, ohne Anerkennung dafür zu erwarten. Selbstloser Einsatz für andere war schon immer eine der wirkungsvollsten Methoden der Einflussnahme.

5. *Entscheiden Sie sich für pro-aktive Reaktionen.* Warum handeln wir eigentlich so oft wider besseres Wissen? Vergessen wir vielleicht einen Schritt zwischen dem, was wir wissen, und dem, was wir tun? Tatsächlich übersehen wir ein wichtiges Bindeglied: die bewusste Wahl einer Reaktion. Ein solcher Entscheidungsprozess setzt nämlich voraus, dass wir uns Gedanken machen, eine Meinung bilden und dann unsere Reaktionen bewusst darauf abstimmen. Entscheidungen zu treffen bedeutet, Verantwortung für unser Denken und Tun zu übernehmen, statt sie auf andere Menschen oder die Umstände abzuwälzen. Oft genug geht das nicht ohne innere Kämpfe zwischen widerstreitenden Motiven oder unvereinbaren Konzepten. Wer sich diesem Prozess aber entzieht, lässt sich von außen leiten. Er verzichtet auf die Freiheit und die Macht, darüber zu entscheiden, wie Menschen oder Umstände ihn berühren.

6. *Halten Sie Versprechen ein.* Versprechen und Vorsätze schaffen Einflussmöglichkeiten. Wenn wir Verbesserungen anstreben, egal in welcher Hinsicht, können wir Versprechen abgeben, Vorsätze fassen, Vereinbarungen treffen, Verpflichtungen eingehen. Was auch immer Sie im Einzelfall tun: Das Wichtigste ist, dass Sie sich daran halten. Überlegen Sie deshalb vorher genau, worauf Sie sich einlassen. Daran, ob wir Verpflichtungen eingehen und sie erfüllen, lässt sich ablesen, wie sehr wir an uns selbst und unsere Integrität glauben.

7. *Konzentrieren Sie sich auf Ihren Einflussbereich.* Auch wenn es paradox klingt: Wer versucht, innerhalb seiner Kontrollmöglichkeiten etwas zu bewirken, erweitert diese gleichzeitig. Direkte Probleme mit der Kontrolle werden gelöst, indem wir gewohnte Denk- und Handlungsmuster verändern. Zur Lösung indirekter Probleme müssen wir die Methoden der Einflussnahme verändern. Beispielsweise jammern wir in regelmäßigen Abständen: »Wenn der Chef bloß mein Problem verstünde ...« Nur wenige von uns nehmen sich aber die Zeit dafür, eine Präsentation vorzubereiten, die ihm eine Grundlage für eine angemessene Reaktion und eine adäquate Behandlung unserer Schwierigkeiten bieten würde. Wo Kontrolle kein Problem mehr ist, können wir selbst entscheiden, wie etwas oder jemand uns berührt.

8. *Leben Sie das Gesetz der Liebe.* Wenn wir nach den Gesetzen der Liebe leben, haben wir auch etwas für die Gesetze des Lebens getan. Auch Menschen, die sich nach außen hin hart und autonom geben, haben einen weichen Kern. Wer es versteht, mit dem Herzen zuzuhören, wird ihn entdecken und damit den ersten Schritt zur Einflussnahme tun. Der nächste Schritt besteht dann darin, solchen Menschen unsere Liebe zu zeigen, vor allem bedingungslose Liebe. Damit vermitteln wir ihnen Selbstwert und Sicherheit. Viele Menschen beziehen Sicherheit und Stärke aus Äußerlichkeiten: aus Statussymbolen, Leistungen und Beziehungen. Aber wer seine Stärke nur borgt, wird früher oder später wieder auf seine Schwäche zurückgeworfen. Wir alle misstrauen oberflächlichen Beziehungstechniken und manipulierenden Erfolgsformeln, die mit aufrichtiger Liebe nichts zu tun haben.

Beziehung: Wollen Sie das Beste für andere Menschen?

9. *Unterstellen Sie anderen Menschen nur Gutes.* Wenn Sie davon ausgehen, dass andere stets ihr Bestes geben, üben Sie einen wirkungsvollen Einfluss aus und tragen viel dazu bei, dass Ihre Annahme sich auch erfüllt. In der Regel ist es so, dass unsere Neigung, zu klassifizieren und zu kategorisieren, zu urteilen und zu messen, nur das Produkt eigener Unsicherheit und Frustration angesichts einer komplexen, sich ständig verändernden Wirklichkeit ist. Jeder Mensch verfügt über Dimensionen und Potenziale, die im Verborgenen schlummern. Eine Chance dafür, sie freizulegen, besteht nur, wenn wir uns ihnen vorurteilsfrei nähern. Das birgt natürlich auch die Gefahr, dass unser Vertrauen ausgenutzt wird. In den meisten Fällen aber bringen wir das Gute in den Menschen ans Tageslicht, weil wir an sie glauben. Alleine dieser Glaube, der auf ehrlichen Motiven und innerer Sicherheit beruht, bewirkt Gutes.

10. *Zuerst verstehen.* Versuchen Sie, zuerst zu verstehen und dann erst verstanden zu werden. Wenn wir ein Gespräch führen, müssen wir unserem Partner volle Aufmerksamkeit schenken, uneingeschränkt für ihn da sein. Wir müssen uns einfühlen, uns in seinen Standpunkt hineinversetzen, eine Zeit lang in seine Haut schlüpfen. Dies erfordert Mut, Geduld und innere Sicherheit. Solange Ihr Gegenüber nicht das Gefühl hat, dass Sie ihn verstehen, verschließt er sich auch Ihrem Einfluss.

11. *Belohnen Sie offene, ehrliche Äußerungen oder Fragen.* Allzu häufig kommt es vor, dass wir andere für ehrliche, offene Äußerungen oder Fragen bestrafen, statt sie zu belohnen. Wir machen ihnen Vorwürfe, verpassen ihnen Etiketten, bringen sie in Verlegenheit. Sie schließen daraus, dass es besser ist, sich zurückzuhalten oder sogar abzuschotten und keine Fragen zu stellen. Das größte Hindernis für ein aufrichtiges Gespräch ist der Hang, zu kritisieren und zu verurteilen.

12. *Reagieren Sie verständnisvoll.* Wenn Sie mit Verständnis reagieren, also auch auf Gefühle eingehen, geschehen drei positive Dinge: Sie gewinnen mehr Klarheit über Gefühle und Probleme; Sie haben mehr Mut zu verantwortungsbewusster Unabhängigkeit; und Sie schaffen echtes Vertrauen. Verständnisbereitschaft ist dann am wichtigsten, wenn Ihr

Gesprächspartner über ein Thema reden möchte, das stark emotional besetzt ist. Auch hier geht es wieder um weit mehr als eine Technik, nämlich um eine innere Einstellung. Verständnisbereitschaft als Mittel der Manipulation wird nichts bewirken. Sie müssen von dem aufrichtigen Interesse geleitet sein, den anderen zu verstehen.

13. *Ergreifen Sie die Initiative, wenn Sie sich verletzt fühlen.* Wenn jemand Sie unwissentlich kränkt, vielleicht sogar mehrmals, dann klären Sie die Angelegenheit von sich aus. Denken Sie, was geschehen kann, wenn Sie dies nicht tun: Sie nähren Ihren Groll so lange, bis der Anlass in keinem Verhältnis mehr zur Reaktion steht; dann gehen Sie in die Defensive, um sich vor weiteren Verletzungen zu schützen. Wenn Sie jedoch die Initiative ergreifen, dann tun Sie das in positiver Grundstimmung und vermeiden Rachefeldzüge. Beschreiben Sie, wann und wie Sie gekränkt wurden und wie Sie sich dabei gefühlt haben. Verzichten Sie dabei auf den erhobenen Zeigefinger. So kann Ihr Gesprächspartner das Gesicht wahren und etwas aus dem Vorfall lernen, ohne sich bedroht zu fühlen. Unsere Gefühle, Meinungen und Wahrnehmungen sind nie objektiv. Wenn Sie daran denken, verfügen Sie über einen zuverlässigen Schutz gegen Überheblichkeit!

14. *Gestehen Sie die Fehler ein, und entschuldigen Sie sich.* Für Spannungen in einer Beziehung sind meist beide Seiten verantwortlich. Es reicht nicht aus, dies einzusehen und sich einfach anders zu verhalten. Bringen Sie also zum Ausdruck, wo Sie Ihrer Meinung nach Fehler begangen haben. Rechnen Sie damit, dass der andere sich verletzt fühlt und Ihre Bemühungen deshalb zunächst einmal abwehrt. Geben Sie Ihre Fehler zu, und bitten Sie um Vergebung, ohne Ausflüchte, Erklärungen oder Rechtfertigungen.

15. *Meiden Sie Streitigkeiten.* Antworten Sie nicht auf Argumente oder Beschuldigungen, die im Streit vorgebracht wurden. Wenn Sie darauf eingehen und Gegenargumente suchen, schüren Sie Feindseligkeit und Wut nur noch weiter. Wenn Sie dagegen ruhig bleiben, muss sich der andere auf sich selbst besinnen und die Konsequenzen seines Verhaltens tragen. Lassen Sie sich nicht von Streitsucht anstecken, denn damit schwächen Sie sich selbst. Je öfter Sie sich auf fruchtlose Auseinandersetzungen einlassen, desto mehr Missverständnisse, Vorwürfe und Kämpfe entstehen daraus. Setzen Sie dem zwanghaften Bedürfnis, das

letzte Wort zu haben und Meinungsverschiedenheiten immer für sich zu entscheiden, Ihren inneren Frieden entgegen.

16. *Gehen Sie schrittweise vor.* Eine Führungskraft kann im Beruf stark engagiert sein, aktives Vereinsmitglied sein, im Leben vieler Menschen eine große Rolle spielen und trotzdem keine tiefe, innige Beziehung zum eigenen Ehepartner haben. Um eine solche Beziehung in einer Partnerschaft aufzubauen, ist mehr Charakter, Demut und Geduld nötig, als man braucht, um sich auf die vielen anderen Menschen einzulassen. Oft rechtfertigen wir die Vernachlässigung der einen Beziehung zugunsten der Vielzahl anderer, weil wir mit so viel Wertschätzung und Dankbarkeit belohnt werden. Trotzdem wissen wir, wie wichtig die gemeinsame Zeit mit dem besonderen Menschen in unserem Leben ist. Bei Kindern bietet es sich an, spezielle Verabredungen zu treffen, damit wir ihnen ungeteilte Aufmerksamkeit schenken können, ohne sie zu beurteilen, Vorträge zu halten oder Vergleiche zu ziehen.

17. *Pflegen Sie Beziehungen.* Sicherlich gibt es Interessen und Anliegen, die Sie mit Ihren Freunden, der Familie und Mitarbeitern teilen. Solche Gemeinsamkeiten beeinflussen Beziehungen weit stärker als die Unterschiede. Das heißt nicht, dass man Letztere unter den Teppich kehren sollte, aber zumindest haben sie eine untergeordnete Bedeutung. Fakten und Meinungen können nie so wichtig sein wie die Beziehung an sich.

18. *Lassen Sie sich zuerst beeinflussen.* Wir haben auf andere nur insoweit Einfluss, wie sie das Gefühl haben, auch auf uns einwirken zu können. Ein Sprichwort lautet: »Es kommt nicht darauf an, wie viel du weißt, sondern darauf, wie sehr es dich berührt.« Wenn jemand das Gefühl hat, Sie kümmern sich um ihn und verstehen seine Probleme, hat er gleichzeitig das Gefühl, Sie beeinflusst zu haben. Er entwickelt dann eine erstaunliche Offenheit. Wir schlucken eine bittere Arznei bereitwilliger, wenn ihr eine gute Diagnose vorausgegangen ist.

19. *Üben Sie Toleranz.* Wenn Sie jemanden zum Besseren verändern wollen, heißt der erste Schritt: Nehmen Sie ihn so, wie er ist. Nichts zementiert defensives Verhalten besser als Verurteilungen, Vergleiche oder Ablehnung. Das Gefühl, akzeptiert zu werden, befreit einen Menschen vom Bedürfnis, seinen Wert ständig unter Beweis stellen zu wollen. Er kann seine Energien dann konstruktiver einsetzen und wirkliche Ver-

besserungen erzielen. Akzeptieren bedeutet dabei nicht, Schwächen zu entschuldigen oder anderen Meinungen kritiklos zuzustimmen. Aber es heißt, den Wert eines anderen Menschen zu bestätigen, indem man respektiert, dass er auf die ihm eigene Weise denkt und fühlt.

Anleitung: Auf das Wie kommt es an

20. *Konzentrieren Sie sich nicht nur auf den Inhalt des Gesagten, sondern lassen Sie auch Ihr Herz sprechen.* Der Ton macht die Musik. Bevor Ihre Kinder aus der Schule zurückkommen und mit ihren Wünschen auf Sie einstürmen, halten Sie inne und sammeln Sie ihre Kräfte. Stimmen Sie Kopf und Herz auf die vor Ihnen liegende Aufgabe ein. Seien Sie heiter und freundlich, und widmen Sie sich ihnen voll und ganz. Oder bleiben Sie noch einen Augenblick im Auto sitzen, wenn Sie von der Arbeit nachhause kommen. Fragen Sie sich: »Was kann ich meiner Frau oder meinem Mann und den Kindern heute Gutes tun?« Zapfen Sie Ihre Ressourcen an. Wenn es Ihnen gelingt, Ihre besten Seiten zum Vorschein zu bringen, ist die Müdigkeit nicht mehr so wichtig, und Ihr guter Wille erhält neuen Auftrieb.

21. *Vermeiden Sie Kampf- und Fluchtverhalten, und reden Sie stattdessen über Unterschiede.* Auf Meinungsverschiedenheiten reagieren viele Menschen entweder mit Kampf oder mit Flucht. Das Kampfverhalten gibt es in vielen Formen: Gewalt, offene Wutausbrüche oder hintergründiger Sarkasmus, scharfe Erwiderungen, kluge Sprüche, ironischer Humor, einseitige Verurteilungen. Auch das Fluchtverhalten kommt in unterschiedlicher Weise zum Ausdruck. Manche Menschen ziehen sich einfach zurück und geben sich ihrem Selbstmitleid hin. Auf diesem Boden gedeihen Rachefeldzüge. Andere fliehen, indem sie sich kalt und gleichgültig geben oder um jedes Engagement und jede Verantwortung einen großen Bogen machen.

22. *Nehmen Sie sich Zeit.* Erst durch die Unterschiede zwischen den Menschen werden die wirklich erfüllten Augenblicke möglich, die man erlebt, wenn man anderen etwas gibt. Allerdings gibt es Momente, in denen man lehren sollte, und Momente, in denen man es lassen sollte. Ersteres ist der Fall,

a) wenn die Lernenden sich nicht bedroht fühlen. Andernfalls verschärfen Sie die Situation nur noch; warten Sie also besser auf eine neue Gelegenheit, oder schaffen Sie vorher ein Klima der Sicherheit und des Vertrauens.

b) wenn Sie weder wütend noch frustriert sind, sondern Zuneigung, Respekt und innere Sicherheit spüren.

c) wenn der andere Hilfe und Unterstützung benötigt. Mit Erfolgsmeldungen hereinzustürmen, wenn jemand an einem Tiefpunkt angelangt ist, heißt, einem Ertrinkenden das Schwimmen beibringen zu wollen. Denken Sie daran: Wir leiten andere schon alleine dadurch an, dass wir ihnen vorleben, was wir sind.

23. *Führen Sie einen Konsens über Grenzen, Regeln, Erwartungen und Konsequenzen herbei.* Solche eindeutigen Übereinkünfte müssen von allen Betroffenen verstanden und nötigenfalls auch durchgesetzt werden. Persönliche Sicherheit entspringt weitgehend einem Sinn für Gerechtigkeit. Man möchte gerne wissen, was von einem erwartet wird, wo die Grenzen liegen, wie Regeln und Konsequenzen aussehen. Wo Grenzen verschwimmen und Regeln willkürlich sind – an einem Tag dies, am anderen jenes –, kann man kein geordnetes Leben führen. Kein Wunder, dass viele Kinder glauben, ihre Fähigkeit, die Menschen und das Leben zu manipulieren, sei die wichtigste Voraussetzung für späteren Erfolg. Wenn das Leben zu einem Spiel wird, dessen Regeln sich manipulieren lassen, besteht die einzige Sünde darin, sich erwischen zu lassen.

24. *Geben Sie nicht auf, und geben Sie nicht nach.* Menschen sollten die Konsequenzen ihres Verhaltens unmittelbar sehen und erfahren. Wenn wir diesen Grundsatz nicht beachten, unterstellen wir ihnen im Grunde Unzulänglichkeit und Schwäche. Wir fördern Verwöhntheit, indem wir verantwortungsloses Verhalten entschuldigen. Wenn wir dagegen aufgeben – jemanden nicht mehr beachten oder ihn im Gegenteil nur noch beschimpfen –, unterminieren wir seine Motivation, sich überhaupt noch Mühe zu geben. Der Leitsatz »Gib nicht auf, und gib nicht nach« unter dem Grundsatz der Liebe, entwickelt sich aus einer verantwortungsvollen, disziplinierten Lebensweise. Alles andere heißt, den Weg des geringsten Widerstandes zu gehen: Wir geben nach, wenn uns jemand wichtig ist, und wir geben auf, wenn das nicht der Fall ist.

25. *Seien Sie in wichtigen Lebensabschnitten da.* Niemand möchte, dass uns nahestehende Menschen sich bei wichtigen Entscheidungen von kurzfristigen Perspektiven, emotionalen Stimmungen, persönlicher Unsicherheit und Selbstzweifeln leiten lassen. Wie können wir Einfluss auf sie nehmen? Zunächst einmal gilt: Denken Sie nach, bevor Sie handeln. Lassen Sie sich nicht von Ihren eigenen Emotionen zu etwas verleiten, was die Beziehung und Ihren derzeitigen Einfluss gefährdet. Zweitens: Machen Sie sich klar, dass die Spezies Mensch eher nach dem Gefühl handelt als nach der Ratio. Motivation ist eher eine Funktion des Herzens als des Kopfes. Wenn unsere Logik nicht auf einer Linie mit den Emotionen des anderen liegt, sollten wir versuchen, seine Sprache zu lernen, als sei es eine Fremdsprache – ohne Verurteilung und ohne Ablehnung. Damit vermitteln wir Respekt und Toleranz, wir reißen Verteidigungsmauern ein und wecken den Wunsch, das zu tun, was richtig ist.

26. *Sprechen Sie die Sprache der Logik und des Gefühls.* Die Sprache der Logik und die Sprache des Gefühls sind so unterschiedlich wie Englisch und Französisch. Wenn wir feststellen, dass wir keine gemeinsame Sprache sprechen, muss einer der vier anderen Wege beschritten werden, um effektiv zu kommunizieren:

    a) Sie widmen dem anderen Zeit, denn damit zeigen Sie, dass er Ihnen wichtig ist;

    b) Sie üben sich in Geduld: »Ich passe mich deinem Tempo an, ich warte gerne auf dich, du bist es mir wert«;

    c) Sie bemühen sich aufrichtig darum, den anderen zu verstehen, damit er seine Energien nicht in fruchtlose Verteidigungsversuche stecken muss;

    d) Sie drücken Gefühle offen aus und achten auf Übereinstimmung mit Ihren nonverbalen Signalen.

27. *Delegieren Sie effektiv.* Effektives Delegieren erfordert Mut, weil wir das Risiko eingehen, dass andere auf Kosten unserer Zeit, unseres Geldes und unseres guten Rufes Fehler machen. Dieser Mut besteht aus Geduld und Selbstbeherrschung, aus dem Glauben an das Potenzial der anderen und dem Respekt vor individuellen Unterschieden. Effektives Delegieren verläuft in zwei Richtungen: Verantwortung übertragen und Verantwortung übernehmen. Es lassen sich drei Phasen

unterscheiden. Am Anfang steht eine Vereinbarung. Die Beteiligten wissen, was von ihnen erwartet wird, welche Mittel ihnen zur Verfügung stehen, wie weit ihre Machtbefugnis geht und an welche Vorgaben sie sich halten müssen. In der zweiten Phase werden diejenigen, an die delegiert wurde, unterstützt. Der Supervisor wandelt sich vom gefürchteten Gegner zum Helfer. Er stellt Ressourcen zur Verfügung, beseitigt Hindernisse, unterstützt Aktionen und Entscheidungen, vermittelt eine Vision, sorgt für Trainingsmöglichkeiten und kümmert sich um das Feedback. Am Ende schließlich steht die Kontrolle. Dabei handelt es sich weitgehend um einen Prozess der Selbstbewertung, da diejenigen, an die delegiert wurde, ihre Ergebnisse und Leistungen selbst kontrollieren.

28. *Beteiligen Sie Mitarbeiter an sinnvollen Projekten.* Solche Projekte, deren Sinn und Zweck zuvor allen Beteiligten deutlich gemacht wurde, haben am meisten Aussicht auf Erfolg. Was aber für einen Manager sinnvoll ist, kann für einen Untergebenen bedeutungslos sein. Diese Schwierigkeit wird aus dem Weg geräumt, wenn die Menschen von Anfang an am Planungs- und Denkprozess beteiligt werden. Wir alle möchten gerne an einer guten Sache mitwirken. Ohne solche Projekte verliert das Leben seine Bedeutung; tatsächlich ist es schwer, einen Sinn für sein Leben zu finden, wenn man gleichzeitig versucht, jeder Spannung aus dem Weg zu gehen. Das Leben spielt sich im Spannungsfeld zwischen Wunsch und Wirklichkeit ab – wir alle brauchen Ziele, für die es sich lohnt zu kämpfen.

29. *Lehren Sie das Gesetz der Ernte:* Wer im Frühjahr das Feld nicht bestellt, kann im Herbst nichts ernten. Konzentrieren Sie sich auf natürliche Prozesse und übertragen Sie diese auf das Unternehmen. Gestalten Sie insbesondere das Entlohnungssystem so, dass es das Gesetz der Ernte reflektiert.

30. *Lehren Sie verantwortungsbewusstes Handeln, indem Sie natürliche Konsequenzen für sich sprechen lassen.* Oft bewegen alleine schon die logischen Konsequenzen bestimmter Handlungen ihre Urheber zu einem Umdenken und zu verantwortungsvollerem Handeln. Nutzen Sie diesen Umstand, um Einfluss auszuüben, auch wenn Sie sich damit nicht allzu beliebt machen. Popularität ist sowieso etwas sehr Unbeständiges und eignet sich nicht als Maß einer charakterlichen Entwick-

lung. Wer Gerechtigkeit durchsetzt, muss mehr und nicht weniger lieben. Wer es wirklich ernst mit einem Menschen meint, kann auch sein Missfallen ertragen, weil es von untergeordneter Bedeutung ist.

Drei Kardinalfehler

Bei unseren Versuchen, Einfluss auf andere Menschen zu nehmen, laufen wir Gefahr, drei große Fehler zu begehen. Sie hängen alle damit zusammen, dass wir über die drei Kategorien der Einflussnahme hinweggehen.

1. *Fehler: Sie geben zuerst Ratschläge, bevor Sie den anderen verstehen.* Vor dem Rat steht das Verständnis. Es ist der Schlüssel zu jeder Art der Einflussnahme. Wenn Sie den anderen nicht verstehen, sich nicht in seine Situation und Gefühle hineinversetzen, können Sie ihn auch nicht beraten. Wenn Sie seine Einzigartigkeit abstreiten, nimmt er Ihren Rat nicht an. Abhilfe: Demonstrieren Sie Einfühlungsvermögen, indem Sie zuerst verstehen und dann erst verstanden werden wollen.
2. *Fehler: Sie versuchen, Beziehungen aufzubauen oder zu erneuern, ohne die eigenen Verhaltensweisen und Einstellungen zu verändern.* Wenn andere immer wieder feststellen müssen, dass wir nicht aufrichtig, sondern widersprüchlich sind, wird keine Technik der Art »Freunde gewinnen« funktionieren. Abhilfe: Zeigen Sie Beständigkeit und Ehrlichkeit.
3. *Fehler: Sie gehen davon aus, dass ein gutes Beispiel zu sein und eine gute Beziehung ausreichen.* Wir glauben, dass unser gutes Beispiel für sich spricht und verzichten deshalb auf weitere Erklärungen und Anleitungen. So wie Vision ohne Liebe keinerlei Motivation hervorbringt, so führt Liebe ohne Vision zu einem Mangel an Zielen, Richtlinien und Maßstäben. Abhilfe: Setzen Sie Diskussionen über die Vision und über Rollen, Ziele, Richtlinien und Maßstäbe in Gang.

Letztendlich teilt sich das, was wir sind, viel deutlicher und überzeugender mit als das, was wir sagen oder sogar tun.

Teil 2

Führungs- und Organisationsentwicklung

Einleitung

Schon im Alter von zwanzig Jahren wurde mir Führungsverantwortung übertragen. Ich sollte Männer und Frauen, die mehr als doppelt so alt wie ich waren, in den Prinzipien des effektiven Managements unterweisen und ihnen Führungseigenschaften antrainieren. Es war eine Erfahrung, die mir meine Grenzen deutlich machte.

So wie ich damals finden sich viele Menschen eines Tages in einer »Führungsposition« wieder. Oft kommt die Verantwortung zu früh, weil wir nicht genügend darauf vorbereitet wurden. Wir lernen aber durch unsere Fehler und erlangen mit der Zeit ein gewisses Maß an Kompetenz und Selbstvertrauen.

Im nun folgenden Teil des Buches konzentriere ich mich auf Fragenkomplexe, mit denen alle Menschen, die führen, auf die eine oder andere Weise konfrontiert werden. Es geht um Kontrolle, Delegation, Partizipation, Erwartungen und Leistungsvereinbarungen. Ich spreche auch Fragen an, die ganz speziell mit der Führung im Unternehmen zu tun haben. Wer plötzlich ein Unternehmen leiten soll, stößt auf eine Reihe ganz neuer Probleme. Manche von ihnen sind chronisch, andere akut. Einige gibt es bei den Fortune 500, den größten US-Unternehmen, ebenso wie in Familien, Kleinunternehmen oder gemeinnützigen Einrichtungen. Folglich sind bestimmte Voraussetzungen für eine effektive Führung allgemeingültig.

Auch wenn ich es im Rahmen meiner Arbeit meist mit unternehmensspezifischen Themen zu tun habe – Strukturen, Strategien, Systemen –, betone ich immer die starke individuelle Komponente in der prinzipienorientierten Führung. Kein Manager kann es sich leisten zu vergessen, dass persönliche und unternehmerische Integrität eng miteinander verknüpft sind. Ebenso wenig darf er das Leitbild und die Vision des Unternehmens aus den Augen verlieren, das, was ich als Unternehmensverfassung bezeichne.

Wege aus dem Führungsdilemma

Mit der prinzipienorientierten Führung haben Sie ein Instrument an der Hand, mit dessen Hilfe die klassischen Konflikte gelöst werden können, die auf der Führungs- und Organisationsebene auftreten:

- Wie schaffen wir eine Kultur, die sich durch Wandel, Flexibilität und kontinuierliche Verbesserung auszeichnet und gleichzeitig für Stabilität und Sicherheit steht?
- Wie gewinnen wir die Mitarbeiter dauerhaft für die Unternehmensstrategie?
- Wie setzen wir die Kreativität, Ressourcen, Begabungen und Energien der vielen Mitarbeiter frei, die bisher noch gar nicht zeigen konnten, was in ihnen steckt?
- Wie erkennen wir, dass die folgende Frage auf einer falschen Dichotomie beruht: Bin ich knallhart und erwirtschafte satte Gewinne, oder ist es wichtiger, »nett« zu sein?
- Wie gehen wir mit Feedback und Kurskorrekturen vor dem Hintergrund der Vision um?
- Wie formulieren wir das Unternehmensleitbild so, dass es nicht nur leere Phrasen enthält, sondern wie eine Verfassung die oberste Leitlinie für das Handeln vorgibt?
- Wie schaffen wir eine Kultur, in der Mitarbeiter ebenso respektvoll wie Kunden behandelt werden?
- Wie entwickeln wir Teamgeist und Harmonie, wo bisher eine Hackordnung herrschte und ganze Abteilungen gegeneinander intrigierten?

Im folgenden Kapitel erfahren Sie, wie die Grundprinzipien einer effektiven Führung in der Praxis angewandt werden. Sie werden in die Lage versetzt, diese und andere schwierige Führungsfragen selbst zu lösen.

Zwei wichtige Prinzipien

Prinzipienorientierte Führung wird von innen heraus auf persönlicher, zwischenmenschlicher, Führungs- und Organisationsebene praktiziert. Jede Ebene ist notwendig, aber für sich allein nicht ausreichend. Deshalb möchte ich hier auf zwei wichtige Prinzipien hinweisen, die im Management und in der Führungsarbeit gelten:

- *Empowerment auf der Managementebene.* Wie wollen Sie Menschen führen, wenn Sie kein Vertrauen haben? Oder wenn Sie finden, dass es Ihren Mitarbeitern an Charakter oder Kompetenz fehlt? Wenn Sie kein Vertrauen haben, bleibt Ihnen nur das Mittel der Kontrolle. Aber wie sieht die Führungsarbeit dort aus, wo großes Vertrauen herrscht? Sie müssen Ihre Mitarbeiter nicht überwachen, denn sie steuern sich selbst und greifen im Bedarfsfall auf Ihre Hilfe zurück. Damit jeder Mitarbeiter weiß, was Sie von ihm erwarten, treffen Sie Leistungsvereinbarungen, die im Interesse beider Seiten liegen. Aufgrund dieser Vereinbarungen können die Mitarbeiter an ihrer eigenen Leistungsbeurteilung mitwirken. Dazu sind sie in der Lage, weil ihr Wissen über die Messlatte rein quantifizierbarer Ergebnisse hinausgeht. Dagegen sind in Unternehmen, in denen wenig Vertrauen herrscht, die messbaren Erfolge das einzig mögliche Mittel der Beurteilung, weil die Mitarbeiter aufgrund der Unternehmenskultur dazu tendieren, ihrem Chef nach dem Mund zu reden.

- *Ausrichtung auf der Organisationsebene.* Wie würde Ihr Unternehmen aussehen, wenn wenig Vertrauen herrscht und Kontrolle den Führungsstil bestimmt? Sehr hierarchisch. Wie groß ist Ihre Führungsspanne? Sehr klein, denn so viele Menschen können Sie nur kontrollieren. Sie nehmen also Zuflucht zur »Laufburschen«-Aufgabendelegation. Sie schreiben Managementmethoden vor und sorgen dafür, dass sie angewandt werden. Sämtliche Informationen laufen bei Ihnen zusammen, sodass nur Sie entscheidende Korrekturen vornehmen können. Sie motivieren mit Zuckerbrot und Peitsche. Mit solch primitiven Systemen überleben Sie vielleicht so lange, wie die Konkurrenz noch schwach ist, aber für harte Wettbewerber sind Sie eine leichte Beute.

Welche Strukturen hat nun Ihr Unternehmen, wenn Sie Ihren Mitarbeitern vertrauen? Sehr flache und extrem flexible. Wie groß ist Ihre Führungsspanne? Sehr groß, weil die Mitarbeiter sich selbst überwachen. Sie erledigen ihre Arbeit, ohne dass man sie dauernd ermahnen müsste. Sie sind engagiert und befähigt. Warum? Weil Sie eine Unternehmenskultur im Sinne einer Vision geschaffen haben, die auf grundlegenden Prinzipien beruht, und weil Sie kontinuierlich daran arbeiten, Strategie, Stil, Struktur und Systeme mit dem Leitbild des Unternehmens und den von außen kommenden Realitäten in Einklang zu bringen.

Ihre Aufgabe lautet also: Wenn bestimmte Gegebenheiten im Unternehmen nicht auf die Grundprinzipien der effektiven Führung ausgerichtet sind, kann die Lösung nur heißen, das Problem von innen heraus und auf allen vier Ebenen zu bearbeiten.

Kapitel 10

Manager mit Überfluss-Mentalität

Führungskräfte mit einem Talent zur Krisenbewältigung können gelassen bleiben, weil sie sich mehr auf Märkte und Produkte konzentrieren als darauf, die eigenen Schäfchen ins Trockene zu bringen.

Zwei Farmer aus Idaho brachten es im Geschäftsleben sehr weit, weil sie aus einer Überfluss-Mentalität heraus handelten. J. R. Simplot und Nephi Grigg bauten erfolgreiche Unternehmen für Tiefkühlkost auf, die J. R. Simplot Company und Ore-Ida Foods. Das Geheimnis ihres Erfolgs war die Erkenntnis, dass es besser ist, sich selbst einen Markt zu schaffen als den Konkurrenten Marktanteile abzujagen.

Simplot, der wichtigste Kartoffellieferant für McDonald's, und Grigg, der Gründer der Firma Ore-Ida, die später an das Heinz-Unternehmen verkauft wurde, stellten fest, dass man auch reich werden kann, ohne anderen etwas wegzunehmen. Sie schufen sich eigene Märkte für ihre Produkte, ähnlich wie Ray Kroc und J. Willard Marriott, die schon zu Lebzeiten Legenden geworden waren.

Sie handelten aus einer *Überfluss-Mentalität* heraus, aus dem unerschütterlichen Glauben, dass es für jeden Menschen, der einen Traum verfolgt, genügend Möglichkeiten gibt, ihn zu verwirklichen. Sie waren überzeugt davon, dass ihr Erfolg nicht notwendigerweise Misserfolg und Einbußen für andere Unternehmen bedeutete.

In den vergangenen 25 Jahren meiner Arbeit habe ich immer wieder bestätigt gefunden, dass die Überfluss-Mentalität den Unterschied zwischen dem Herausragenden und dem Mittelmäßigen ausmacht. Der Grund dafür ist der, dass sie für Kleinlichkeit und Feindbilddenken keinen Platz mehr bietet.

In Unternehmen und in unserer ganzen Gesellschaft sind viele negative Energien am Werk. Oft begeben wir uns zur Konfliktlösung sofort auf den Rechtsweg. Viele Menschen sind unaufhörlich bestrebt, sich ihr Stück vom Kuchen zu sichern und ihr Terrain abzustecken. Derartige selbstbezogene

Aktivitäten entspringen dem Glauben, dass Ressourcen begrenzt sind. Ich nenne dies die *Mangel-Mentalität.*

Die normale Verteilungskurve, die für Akademiker ebenso wie für Wirtschaftsleute zutrifft, begünstigt die Mangel-Mentalität, weil sie eine »Nullsummen«-Situation vorgaukelt. Sollte es tatsächlich einmal vorkommen, dass jemand dieses Denken noch nicht während der Schulzeit in sein Drehbuch aufgenommen hat, stehen die Aussichten trotzdem gut, dass er die entsprechenden Erfahrungen noch im Sport oder in der Gesellschaft macht.

Wer an die Begrenztheit aller Ressourcen glaubt, sieht das Leben nur in den Kategorien des Gewinnens und Verlierens. Solche Menschen glauben: »Der Kuchen ist irgendwann aufgegessen; und wenn jemand zwei Stücke bekommt, dann habe ich gar keins.« Es fällt ihnen schwer, sich aufrichtig über Erfolge anderer zu freuen, vor allem, wenn es sich um Angehörige des eigenen Unternehmens, um Familienmitglieder oder Nachbarn handelt. Sie können sich des Gefühls nie ganz erwehren, dass ihnen dadurch etwas weggenommen wird.

Wenn auch Sie das Leben als »Nullsummen«-Spiel sehen, neigen Sie dazu, Feindbilder zu pflegen, weil der Gewinn eines anderen ja immer nur den eigenen Verlust bedeuten kann. Wenn Sie als Kind nur geliebt wurden, wenn Sie bestimmte Bedingungen erfüllten und fortwährend verglichen wurden, dann schlägt sich das in Ihrem Drehbuch nieder: in den Dichotomien »haben oder nicht haben«, »Ich bin okay, du bist nicht okay« oder »Ich bin nicht okay, du bist okay«.

In meinem Leben gab es immer wieder Zeiten, in denen die Mangel-Mentalität die Oberhand gewann, und jedes Mal musste ich feststellen, dass sie in die Sackgasse führt. Wenn ich dagegen fest davon überzeugt war, dass kein Mensch im Leben zu kurz kommt, dann war ich vertrauensvoll und offen, ich habe gegeben, konnte leben und leben lassen, und ich habe Unterschiede respektiert. Ich definiere Einheit nicht als Gleichheit, sondern als sich ergänzende Einigkeit, in der die Schwäche des einen durch die Stärke des anderen ausgeglichen wird.

Menschen mit der Überfluss-Mentalität wenden in Verhandlungen das Win-win-Prinzip und den Grundsatz »Zuerst verstehen, dann verstanden werden« an. Ihre psychische Befriedigung beziehen sie nicht daraus, dass sie andere überflügeln. Sie sind nicht besitzergreifend, und sie beziehen ihre Sicherheit nicht aus der Meinung anderer.

Die Überfluss-Mentalität beruht auf innerer Sicherheit, nicht auf gesellschaftlichem Status, materiellem Besitz oder anderen Äußerlichkeiten. Sicherheit von außen macht abhängig, weil sie von innen heraus nicht beeinflussbar ist. Daher kann die Beförderung eines Kollegen eine unmittelbare Bedrohung der eigenen Identität darstellen. Der Betreffende spricht zwar seine Glückwünsche aus, aber innerlich ist er zerrissen. Er hat das Gefühl, ihm werde etwas weggenommen, weil seine Sicherheit einzig und allein darauf beruht, anderen etwas vorauszuhaben. Wer dagegen in wirklicher Sicherheit lebt, hat nur die natürlichen Gesetze und Prinzipien zum Maßstab.

Je prinzipienorientierter wir werden, desto mehr bilden wir auch die Überfluss-Mentalität aus, desto bereitwilliger teilen wir Macht, Erfolg und Anerkennung und desto aufrichtiger freuen wir uns über die Leistungen und das Glück anderer Menschen. Wir sind überzeugt, dass ihr Erfolg unser Leben bereichert.

Kapitel 11

Sieben chronische Probleme

Kein Tag vergeht, an dem uns die Werbeindustrie nicht ein neues Mittel anpreist, das schnell, einfach und angenehm wirken soll. Über die schönen Versprechungen hinweg vergessen wir oft, dass die meisten »Wundermittel« nur akute Symptome, nicht aber die chronischen Probleme angehen.

Was ist unter einem akuten Symptom zu verstehen? Wie bei einer Krankheit verursacht es unmittelbaren Schmerz. Chronische Probleme dagegen machen sich weniger heftig bemerkbar.

Die meisten Menschen sind von ihren akuten Problemen völlig in Anspruch genommen, weil sie den bohrenden Schmerz, den sie verursachen, möglichst sofort loswerden wollen. Zerbrochene Beziehungen sollen im Schnellverfahren gekittet werden. Im Laufe der Zeit stellen sie jedoch fest, dass das zugrundeliegende chronische Problem umso schlimmer wird, je mehr Patentlösungen und Selbsthilfetechniken sie ausprobieren, obwohl sie doch bei Freunden so gut zu funktionieren schienen.

Aus chronischer Müdigkeit könnte sich beispielsweise ein chronisches Pfeiffersches Drüsenfieber entwickeln. Eine solche Entwicklung ist denkbar, wenn meine Kraftreserven erschöpft sind, wenn mein Arbeitsstil nur noch aus Krisenmanagement besteht, wenn ich mich ständig unter Druck setze und Erwartungen ständig zu übertreffen versuche, wenn mein Gefühlsleben von der Meinung anderer Menschen abhängt und ich es immer allen recht machen will, oder wenn ich einfach nur ausgebrannt bin. Die Krankheit würde sich in bestimmten Symptomen manifestieren, und ich würde versuchen, die Symptome mit einer Arznei zu behandeln, die eine schnelle Heilung verspricht.

Aber das Versprechen ist trügerisch. Es gibt keine schnelle Lösung für chronische Probleme. Vielmehr müssen wir natürliche Prozesse anwenden. Es ist wie in der Landwirtschaft: Ein Bauer kann nur dann im Herbst die Ernte einbringen, wenn er im Frühling gesät und im Sommer bewässert, Unkraut bekämpft und gedüngt hat. In biologischen Systemen scheint uns dieser Fakt des Lebens einleuchtend, aber in sozialen Systemen greifen wir lieber zu Instantlösungen. Wie viele von uns haben in der Schule den Stoff erst in letzter Minute gepaukt? Wie viele von uns haben auf diese Weise gute Noten und sogar Universitätsabschlüsse erreicht? Insgeheim war uns immer klar, dass wir nicht die bestmögliche Ausbildung erhielten, weil wir selbst nicht bereit waren, täglich den Preis dafür zu bezahlen. Vielmehr waren wir damit beschäftigt, Löcher zu stopfen. Sobald sich ein neues Loch auftat, liefen wir hin und kümmerten uns darum.

Dieser Lebensstil ist ungesund: Er belastet die Menschen, und sie fühlen sich bald ausgebrannt. Sie sind immer weniger in der Lage, vor allem unter Druck und Stress, gute zwischenmenschliche Beziehungen zu führen, und sie werden zum Spielball äußerer Faktoren.

Operation erforderlich

Viele Menschen und Unternehmen leiden unter ernsthaften chronischen Problemen. Für langfristige Lösungen ist eine Operation häufig unumgänglich.

Ich besuchte einmal einen Freund, der die chirurgische Abteilung eines Krankenhauses leitet. Er erlaubte mir, bei etwa zwanzig verschiedenen Operationen als Beobachter anwesend zu sein. Ich durfte ihm auch einmal dabei assistieren, als er Blutgefäße ersetzte. Ich hielt das Instrument, das den Brustkorb offen hielt, während er drei Gefäße ersetzte. Ich spürte, wie steif und brüchig die Gefäße durch die Cholesterinablagerungen geworden waren.

»Warum reinigst du die Gefäße nicht einfach?«, wollte ich wissen.

Mein Freund antwortete: »Eine Zeit lang kann man den Prozess zwar umkehren, aber im Lauf der Zeit überziehen die Ablagerungen die Gefäßwände vollständig.«

Dann fragte ich: »Ist der Patient jetzt geheilt, nachdem du diese drei Gefäße ausgetauscht hast?«

Er antwortete: »Nein, das Problem betrifft seinen ganzen Organismus. Er hat eine chronische Gefäßkrankheit, eine Herzkrankheit. Ich erkenne an seinem körperlichen Zustand, dass er zwar Sport treibt, aber andere Lebensbereiche nicht geändert hat. Er ist chronisch krank. Ich habe mich jetzt nur mit einem akuten Problem befasst, nämlich den Gefäßverengungen, die einen Herzinfarkt oder Schlaganfall auslösen könnten, weil sie die Sauerstoffversorgung gefährden.«

Das Einzige, das die Menschen nicht ändern wollen, ist ihr Lebensstil. Aber wenn sie ihre chronischen Probleme beseitigen wollen, bleibt ihnen letztlich keine andere Wahl.

Chronische Probleme in Unternehmen

Unternehmen bestehen aus Menschen. Auch wenn wir versuchen, uns im Berufsleben zu mehr Disziplin anzuhalten, geben wir unsere Persönlichkeit mit all ihren Stärken und Schwächen nicht beim Pförtner ab. Stattdessen setzen wir die Suche nach einer schnellen Beseitigung der akuten, schmerzhaften Symptome unserer persönlichen Probleme auch im Unternehmen fort, statt uns endlich mit den Wurzeln der schädlichen Verhaltensmuster zu befassen, die sich auch in den beruflichen Alltag eingeschlichen haben.

Chronische Probleme Einzelner werden irgendwann zu denen des Unternehmens, wenn sie von den Menschen tagtäglich eingeschleust werden. Dies ist umso bedenklicher, als Patentlösungen für tiefsitzende und schwierige Probleme derzeit sehr gefragt sind.

Die nun folgenden sieben Probleme, die ich beschreiben werde, treffen zwar insbesondere auf die Vereinigten Staaten zu, doch meinen Erfahrungen im Ausland zufolge sind sie in gewisser Hinsicht international. Sie treten auch in den Unternehmen vieler anderer Länder auf und erfassen ihre Beschäftigten.

Problem 1

Es gibt keine gemeinsame Vision und keine gemeinsamen Werte; entweder hat das Unternehmen es versäumt, eine Aussage über sein Leitbild zu machen, oder sie wurde den Mitarbeitern nicht nahegebracht.

Die meisten Führungskräfte wissen nicht, wie wertvoll eine Aussage über das Unternehmensleitbild ist, in der anerkannte Wertmaßstäbe und die Vision umrissen werden. Die Ausarbeitung einer solchen Aussage erfordert Geduld und langfristiges Denken. Außerdem sollten die Mitarbeiter auf sinnvolle Weise daran beteiligt werden. Nur wenige Unternehmen können sich der Erfüllung all dieser Anforderungen rühmen. Das Unternehmensleitbild wurde zwar irgendwann einmal formuliert, aber leider scheren sich nur wenige Mitarbeiter darum, weil sie an seiner Entwicklung nicht beteiligt wurden. Es ist nicht in ihre Kultur eingegangen. Kultur geht per definitionem von gemeinsamen Werten aus, denen sich sämtliche Mitglieder auf allen Ebenen verschrieben haben.

Meiner Erfahrung nach leidet ein Unternehmen ohne eine Verfassung, die als oberste Richtschnur des Handelns akzeptiert wird, mit hoher Wahrscheinlichkeit auch an den anderen sechs chronischen Problemen.

Das Unternehmensleitbild sollte nach Möglichkeit alle vier menschlichen Grundbedürfnisse ansprechen: wirtschaftliche oder finanzielle Bedürfnisse; soziale oder zwischenmenschliche Bedürfnisse; psychologische oder entwicklungsbezogene Bedürfnisse; und das Bedürfnis, einen Beitrag zum Gemeinwohl zu leisten. Die meisten Unternehmen, die ich kenne, decken diese Bereiche mit ihrem Leitbild nicht ab. Da werden die psychologischen Bedürfnisse oder das menschliche Streben nach Weiterentwicklung einfach nicht erwähnt. Oder der Sinn von Win-win-Beziehungen, die Notwendigkeit einer gerechten Bezahlung und die Wichtigkeit gemeinsamer Prinzipien und Werte werden mit keinem einzigen Wort gewürdigt.

Das erste chronische Problem ist wie ein unbemerkter Eisberg. Wenn nämlich ein Unternehmen sein Leitbild einmal festgeschrieben hat, und sei es noch so stümperhaft, glauben die Verantwortlichen, sich ihrer Aufgabe entledigt zu haben, und sie wenden sich wieder anderen Dingen zu. Es entgeht ihnen völlig, dass ihre Aussagen auf wenig Zustimmung und schon gar nicht auf Engagement stoßen. Das Fehlen einer gemeinsamen Vision ist jedoch der Nährboden für alle anderen Probleme.

Problem 2

***Fehlendes strategisches Denken:* Die Strategie weist Mängel auf; sie vermittelt das Unternehmensleitbild nicht hinreichend; und/oder sie geht an der Realität des Unternehmensumfelds vorbei.**

In den vergangenen Jahren hat sich das strategische Denken vom »Landkarten-Modell« hin zum »Kompass-Modell« entwickelt. Dies geschah, weil die Entwicklungen in der modernen Welt so wenig vorhersagbar geworden sind, dass feste Anleitungen – Landkarten – keine große Hilfe mehr bieten. Stattdessen brauchen die Menschen eine Orientierungshilfe – einen

Kompass. Er weist den Weg zur Unternehmensverfassung, also zum Unternehmensleitbild mit den zugrundeliegenden Prinzipien und Werten. Nur so kann eine flexible Anpassung an sich verändernde Verhältnisse gewährleistet werden.

Das herkömmliche strategische Planungsmodell umfasst Ziele – wohin gehen wir –, Wege – wie kommen wir hin – und Mittel – mit welchen Ressourcen gelangen wir zum Ziel. Im Gegensatz dazu hält man sich nach dem neuen Modell an einen Kompass und an bestimmte Prinzipien und Werte und lässt die Mitarbeiter dann selbst über den besten Weg zum Ziel entscheiden. Leider glauben viele Unternehmen, schon dann über eine strategische Planung zu verfügen, wenn sie Trends analysieren und daraus Prognosen erstellen. Die Leiter solcher Unternehmen fragen nicht: »Wo wollen wir in fünf Jahren sein?« oder »Welche Art von Unternehmen möchten wir haben?«. Sondern sie beschränken sich darauf, auf ihr Umfeld zu reagieren. Ein darauf beruhender strategischer Plan mag zwar die Anforderungen des Umfelds wiedergeben, nicht aber die Vision. Andere Unternehmen verfallen ins andere Extrem und konzentrieren sich so sehr auf Visionen und Leitbilder, dass ihre Strategie das reale Umfeld gar nicht mehr berücksichtigt.

Eine gute strategische Planung dagegen reflektiert Vision und Umfeld gleichermaßen. Sie leitet sich direkt aus dem Unternehmensleitbild und den aktuellen Gegebenheiten ab, sodass die angebotenen Produkte und Dienstleistungen nicht veralten. Ein solches Gleichgewicht zu schaffen und aufrechtzuerhalten bedeutet harte Arbeit. Es erfordert sehr viel Urteilsvermögen, Weisheit und ein feines Gespür für Veränderungen. Engagement und Gewissen des Einzelnen müssen auf ein gemeinsames Wertesystem ausgerichtet sein. Wenn dem Unternehmen ein solches tief verwurzeltes Wertesystem fehlt, wird es nicht in sich selbst ruhen, sondern die notwendige Sicherheit außerhalb seiner selbst suchen. Damit aber macht es sich abhängig von allen Unwägbarkeiten, die sein Umfeld bereithält.

Problem 3

***Mangelhafte Ausrichtung:* Die Unternehmensstrukturen wurden nicht auf die gemeinsamen Werte und die Systeme nicht auf die Vision ausgerichtet; Struktur und Systeme des Unternehmens sind nicht auf die Strategie abgestimmt.**

Das Problem der Ausrichtung auf die geltenden Grundprinzipien ist allgegenwärtig. Fragen Sie sich selbst: »Stellt unser Unternehmensleitbild wirklich eine Verfassung dar; ist sie tatsächlich die höchste Richtschnur des Handelns? Verschreibt sich ihr tatsächlich jeder Mitarbeiter? Sind die Projekte und Systeme und auch unsere Unternehmensstruktur auf die Verfassung abgestimmt?« Wenn Ihre Antwort »Nein« lautet – und das wird sie vermutlich –, haben Sie Probleme mit der Ausrichtung.

Ohne ein allgemein anerkanntes Wertesystem ist keine innere Sicherheit möglich. Stattdessen wird sie in starren Strukturen und Systemen gesucht, weil diese beherrschbar und überschaubar sind. Wenn Sie als Leiter eines Unternehmens starre Strukturen fördern, sind Sie zwar vor manchen Überraschungen sicher, aber Sie bezahlen sie mit dem Preis der Unflexibilität, wenn sich die Umstände ändern. Dies kann schnell den wirtschaftlichen Untergang bedeuten, wie viele Firmen und sogar ganze Branchen in den Vereinigten Staaten bestätigen können.

Viele amerikanische Unternehmen werden mit einer Kontrollspanne von eins zu sechs, eins zu sieben, vielleicht sogar eins zu zehn geführt. Plötzlich erhalten Sie Konkurrenz durch ein Unternehmen, das mit einer Kontrollspanne von eins zu fünfzig oder mehr auf dem Markt erscheint und damit mit einer völlig anderen Kostenstruktur. Sie erkennen bald, dass sie dem Wettbewerb ohne eine grundlegende Reorganisation nicht mehr lange gewachsen sind. Nichtsdestoweniger halten manche Firmen an ihrer alten Struktur fest, weil »das hier schon immer so gemacht wurde«. Andere Unternehmen bauen Personal ab, weil sie sich durch die Umstände dazu gezwungen fühlen, was natürlich Ratlosigkeit und Angst hervorruft. Die Menschen suchen zwar eine neue Struktur, aber gleichzeitig sind sie noch von der alten abhängig.

Viele Führungskräfte behaupten von sich, nach marktwirtschaftlichen Grundsätzen zu handeln, aber eigentlich fördern sie feudalistische Prinzipien. Sie reden von Demokratie und leben die Autokratie. Sie preisen Offenheit und Glasnost, aber im Alltag herrschen Vetternwirtschaft und Heimlichtuerei.

Deutlich sichtbare, akute Symptome dieses chronischen Problems sind zwischenmenschliche Konflikte und Rivalitäten zwischen Abteilungen. Natürlich greift man auch hier zu schnell wirkenden »Schmerzmitteln« – Kommunikationstrainings sind in solchen Fällen sehr beliebt –, aber der Nutzen wird sich in Grenzen halten, weil die wichtigste Voraussetzung fehlt – Vertrauen. Die nächste kosmetische Lösung könnte darin bestehen, das Entlohnungssystem neu zu strukturieren, um vorübergehend die Motivation zu steigern. Aber auch das nützt nichts mehr, weil das Management niemandem zuverlässig Auskunft darüber geben kann, was morgen geschieht. Ein neues Entlohnungssystem, das die Produktivität des Einzelnen zum Maßstab nimmt, zwingt die Mitarbeiter zur Rivalität, während im Widerspruch dazu die geltenden Werte eigentlich Teamarbeit und Kooperation heißen.

Problem 4

***Falscher Stil:* Das Managementleitbild stimmt entweder nicht mit der gemeinsamen Vision und den Werten überein; oder der Stil spiegelt die Vision und die Werte des Unternehmensleitbildes nicht deutlich genug.**

In gewisser Hinsicht ist dieses chronische Problem von noch größerer Bedeutung als die vorangegangenen, weil der Stil meist schon im Elternhaus, in der Schule oder im Berufsleben geprägt wurde. Kindheitserfahrungen prägen unseren Stil außerordentlich stark, weil unser emotionales und psychologisches Bedürfnis, angenommen zu werden, uns abhängig macht. Ob es uns passt oder nicht, ein autoritärer, vielleicht sogar gewalttätiger Vater kann der einzige Halt sein, den ein Kind hat. Also übernimmt es auch seinen Stil.

Ein Stil, der sich von unserem unterscheidet – ein rauer, beleidigender oder angriffslustiger –, kann Befremden hervorrufen. Mein achtjähriger Sohn Joshua war schockiert, als er in den Nachrichten hörte, dass ein Junge in seinem Alter von seinen Eltern ausgesetzt worden sei. Er konnte es nicht begreifen und fragte immer wieder: »Wie kann so etwas nur passieren?« Er hatte nicht einmal gewusst, dass es so etwas überhaupt gab.

Wenn Menschen mit einer neuen Umgebung und einem neuen Wertesystem konfrontiert werden, das ihrem individuellen Stil nicht entspricht, ob er nun autoritär, permissiv oder demokratisch ist, beginnt ein Anpassungsprozess. Sie müssen tief in das neue Wertesystem eintauchen und sich neu »programmieren« lassen, bis sie die neue Verfassung akzeptiert haben.

Der Stil der Mitarbeiter wird sehr stark vom Stil ihrer Vorgesetzten beeinflusst, wobei die meisten Menschen mehr Wert auf Management denn auf wirkliche Führerschaft legen. Konsequenterweise denken sie in den Kategorien der Effizienz. Sie haben die Dinge und nicht die Menschen im Kopf. Sie richten sich nicht nach Prinzipien, weil sie das nie gelernt haben.

In Anbetracht unserer pluralistischen und von hoher Mobilität geprägten Gesellschaft ist es oft eine echte Herausforderung, den eigenen Stil in Übereinstimmung mit der Vision und den Werten des Unternehmens zu bringen. Meist muss er auf eine bestimmte Weise angepasst werden. Auch hier werden die Vorzüge der prinzipienorientierten Führung wieder offenbar. Sie ermöglicht Ihnen im Rahmen der Prinzipien ein sehr hohes Maß an Flexibilität und Beweglichkeit.

Manche fragen sich nun vielleicht, ob die oberen Führungskräfte, die alten Hasen, überhaupt noch in der Lage sind, einen neuen Stil oder eine neue Technik zu lernen. Manche mögen einwenden, dass der Stil eines Menschen, ob Sänger, Schauspieler oder Manager, so untrennbar mit ihm verschmilzt, dass er schon mit zehn, zwanzig oder dreißig Jahren unauslöschbar ist. Ich glaube, dass es sehr schwierig, aber nicht unmöglich ist, den eigenen Stil anzupassen. Unser Führungsstil kann zwar situationsbezogen sein, aber um Veränderungen durchzusetzen, benötigen wir neue Vorbilder und Denkmodelle.

Derzeit wird oft diskutiert, ob Führungspersönlichkeiten gemacht oder geboren werden. Meiner Meinung nach werden die meisten von ihnen »neu geboren«, und zwar durch Lernen. Sie lernen die richtigen Prinzipien und wenden sie an. Deshalb sind große Führungspersönlichkeiten immer auch Lehrer, die eine neue Generation hervorbringen und große Umbrüche bewirken. Aber der persönliche Preis dafür ist enorm, denn der Weg ist steinig und fordert viele Opfer.

Solange die Mitarbeiter sich einheitlichen Prinzipien verschreiben, kann ein Unternehmen durchaus viele unterschiedliche Stile tolerieren. Trotzdem ist es klug, eine Umgebung zu suchen, die dem eigenen Stil entgegenkommt. In manche Unternehmen passt Ihr Stil eben besser als in andere. Die richtige Entscheidung zu treffen, erfordert wirkliche Weisheit, denn Sie wissen, wie schwer es ist, sich zu verändern.

Problem 5

***Mangelnde Kompetenz:* Der Stil entspricht nicht den Fähigkeiten; oder den Managern fehlen die erforderlichen Fähigkeiten, um eine Vision wirkungsvoll zu vermitteln.**

Manchmal sind Mitarbeiter durchaus bereit, einen anderen Stil anzunehmen, aber es fehlt ihnen an den notwendigen Fertigkeiten. Sie wissen beispielsweise nicht, wie sie delegieren sollen; wie sie ihr Einfühlungsvermögen einsetzen können, um den Standpunkt eines Verhandlungspartners herauszufinden; wie sie Synergien nutzen, um eine dritte Lösung zu finden;

oder sie sind nicht in der Lage, Leistungsvereinbarungen nach dem Win-win-Prinzip zu treffen. Der Mangel an Wissen und Fertigkeiten stellt jedoch kein wirklich chronisches Problem dar, weil er durch Maßnahmen im Weiterbildungsbereich gelöst werden kann.

Wer noch nie auf Skiern stand, entwickelt innerhalb von kurzer Zeit einen bestimmten Stil und ein gewisses Können. Er verfügt aber noch nicht über die Fähigkeit, eine Piste unter sämtlichen möglichen Bedingungen zu meistern. Stil und Können sind für Pulverschnee, eine mittelschwere Abfahrt und trockenes Wetter ausreichend; unter schwierigeren Bedingungen käme es zum Sturz. Selbst wenn jemand den Wunsch, die Motivation und die Kondition hätte, müsste er immer noch an seinem Können arbeiten, um jede Abfahrt zu meistern.

Menschen können ihre Fähigkeiten nicht nur ausbilden, sondern auch neue Wünsche entwickeln und sogar ihren Stil verändern. So nehmen Mitarbeiter, die beispielsweise ein neues Instrument zum Zeitmanagement und ein entsprechendes Training dazu bekommen, unter dem Eindruck der neuen Erfahrungen auch wichtige Veränderungen in ihrem Privatleben vor. Menschen, die gerade lernen, sich in andere einzufühlen, stellen fest, dass die Entwicklung dieser Fähigkeiten ihren Stil bestätigt und festigt. Der Therapeut Carl Rogers meint, wer anderen wirklich helfen wolle, sich zu verändern, müsse sich in sie einfühlen. Dabei gewinne man allmählich selbst neue Einsichten und entdecke neues Potenzial in sich. In gewisser Hinsicht ist also schon der Weg das Ziel.

Problem 6

***Mangelndes Vertrauen:* Unter den Mitarbeitern herrscht geringes Vertrauen, was zu Abschottung, Kommunikationsproblemen und zu mangelhafter Teamarbeit führt.**

Vertrauen ist der Gradmesser für die Qualität der zwischenmenschlichen Beziehungen. In gewisser Hinsicht ist es wie mit dem Huhn und dem Ei. Was war zuerst da? Wenn Sie versuchen, Vertrauen zu schaffen, gleichzeitig aber andere chronische und akute Probleme vertuschen, verschlimmern Sie die Situation nur. So besteht einer der besten Wege, in einem Unternehmen ein Klima des Vertrauens aufzubauen, darin, ein Unternehmensleitbild zu erarbeiten und den Mitarbeitern Orientierungspunkte zu geben. Aber dies wird Ihnen nicht gelingen, wenn Sie gleichzeitig einen konservativen Führungsstil praktizieren. Ihre Mitarbeiter werden Ihren Worten nicht viel Glauben schenken.

Mangelndes Vertrauen tötet die Kommunikation, auch wenn noch so viele Trainings absolviert werden. In Unternehmenskulturen, in denen wenig Vertrauen herrscht, präsentieren die Manager zwar auch Leistungsvereinbarungen, Arbeitsplatzbeschreibungen und Leitbilder, aber sie stoßen damit auf Kälte und Gleichgültigkeit. Die Mitarbeiter verfolgen lieber ihre eigenen Interessen und suchen nach Wegen, um ihren Job zu behalten und an ihrer Karriere zu basteln.

Die Ebene des Vertrauens – »Ich kann dir vertrauen«, »Du bist glaubwürdig«, »Du bist jemand, der einen Fehler auch eingesteht«, »Du bist offen«, »Du bist lernwillig« oder »Ich weiß, ich kann mich auf dich verlassen« – entsteht aus einem instinktiven Gefühl heraus, das die Grundlage für jede weitere Entwicklung ist. Wenn Sie dieses Gefühl bei anderen nicht hervorrufen, senden Sie vielleicht ambivalente Botschaften aus, die Misstrauen säen. Aus Problemen, in die Sie sich durch Ihr Verhalten hineinmanövrieren, können Sie sich jedenfalls schwer herausreden.

Glaubwürdigkeit ist mehr als Integrität, denn zu ihr gehört auch Kompetenz. Mit anderen Worten: Ein Arzt mag ehrlich sein. Aber bevor wir ihn aufsuchen, möchten wir wissen, ob er auch kompetent ist. Manchmal konzentrieren wir uns zu sehr auf die Integrität. Ehrliche Menschen, die auf ihrem Fachgebiet inkompetent sind, sind nicht vertrauenswürdig.

Problem 7

***Keine Integrität sich selbst gegenüber:* Werte entsprechen nicht der Lebenspraxis; zwischen Reden und Handeln bestehen Widersprüche.**

Wie soll ein Mensch, dem es an Integrität mangelt, Vertrauen aufbauen? Wie wird er vertrauenswürdig? Wie kann er seinen Stil anpassen, damit er den Anforderungen einer neuen Umgebung entspricht? Wie kann er eine Kultur schaffen, in der es echtes Vertrauen gibt?

Wie kann ein Unternehmen, dem es an Integrität mangelt, seine Kunden zufriedenstellen? Wie hält es seine besten Mitarbeiter? Wie bleibt es im Geschäft?

Ein Mensch, der seine eigenen Wertmaßstäbe nicht erfüllt, hat wahrscheinlich auch keine klare Vorstellung über seine Lebensziele. Ohne eine solche Definition der uns wichtigen Werte lassen wir uns ständig in neue Richtungen ziehen. Vielleicht können wir unsere Ziele sogar benennen – aber wir leben nicht danach. Wir sind gespalten und ambivalent.

Auch in Unternehmen tritt eine solche Ambivalenz häufig auf. Sie wird hier sogar noch deutlicher, weil ein Unternehmen aus vielen einzelnen Menschen besteht. Wenn wir im Rahmen unserer Beratertätigkeit eines oder mehrere der beschriebenen sieben chronischen Probleme entdecken, auch wenn die oberen Führungskräfte einen Sündenbock nach dem anderen präsentieren, müssen sie nur eine einzige Frage beantworten: »Verfüge ich selbst über Integrität?«

Probleme sind lösbar

Diese sieben chronischen Probleme sind lösbar. Sie sind weit verbreitet: Ihre Konkurrenten leiden höchstwahrscheinlich ebenso daran wie Sie. Der Erfolg ist im Geschäftsleben immer relativ. Er wird nicht an einem Ideal wie einer bestimmten Spitzenleistung gemessen, sondern am Bestehen im Wettbewerb. Und da die meisten Unternehmen an einem oder mehreren der sieben Probleme leiden, lernen die Menschen im Berufsleben, mit den chronischen Problemen zu leben – bis der Schmerz allzu bohrend wird.

Ich bin überzeugt davon, dass aufgeschlossene Führungspersönlichkeiten diese sieben chronischen Probleme lösen können. Sie werden nicht nur die Symptome behandeln, sondern eine bessere Gesellschaft aufbauen. Dazu müssen sie Einstellungen ändern, Vertrauen schaffen, Strukturen und Systeme überdenken. Die meisten Führungspersönlichkeiten versuchen schon heute, dies in bestimmtem Ausmaß zu tun. Sie versuchen, ein profitables, informiertes, qualifiziertes, produktives, kooperatives, hervorragendes Unternehmen zu schaffen. Und sie beginnen, die Mitarbeiter so ernst zu nehmen wie die Geschäftsergebnisse.

Kapitel 12

Verändern Sie Ihr Management-Paradigma

Wie werden wir effektiver? Meiner Erfahrung nach müssen wir dazu zunächst einmal Einstellungen und Verhaltensweisen überdenken und verändern. Wenn Ihnen wirklich daran gelegen ist, grundlegende Veränderungen zu erreichen, ob im privaten oder beruflichen Leben, müssen Sie Ihren Bezugsrahmen überprüfen. Wie sehen Sie die Welt? Welche Einstellung haben Sie anderen Menschen gegenüber? Wie bewerten Sie Fragen des Managements und der Führung? Denken Sie über diese Aspekte Ihres Paradigmas nach, und fragen Sie sich, ob sie Ihrer Effektivität zuträglich sind oder nicht. Bedeutende Durchbrüche sind Brüche mit alten Denkweisen. Wenn Sie Ihr Paradigma – den persönlichen Schlüssel zum Verständnis und zur Deutung der Wirklichkeit – ändern, eröffnen sich Ihnen neue Einsichten. Sie entdecken neue Handlungsmöglichkeiten und erzielen Fortschritte und Leistungssteigerungen, die zuvor undenkbar waren.

Heute beobachten wir ähnliche Veränderungen in der Geschäftswelt, die zum Teil auf dieselben Gründe zurückgehen. Einige der mächtigsten Unternehmen der Welt haben sich auf ihre gefüllten Kassen, ihre Kapitalanlagen, Technologien, Strategien und ihren Immobilienbesitz verlassen und mussten dann mit ansehen, wie kleinere Unternehmen mit einem anderen Paradigma, das besser zum Markt passte, sie im Kampf um die Kunden überflügelten.

Denken Sie an die Paradigmenverlagerungen, die sich in Ihrem eigenen Leben abgespielt haben. Wenn Sie verheiratet sind, erinnern Sie sich an die Zeit, in der Sie noch ledig waren. Was geschah bei der Heirat mit Ihrem Lebensparadigma? Wenn Sie Wehrdienst abgeleistet haben, erinnern Sie sich daran, wie sich Ihr Name und Ihre Aufgabe änderten, als Sie von der Privatperson zum Soldaten wurden. Sie sehen eine völlig neue Welt. Sie betrachten Ihre Aufgaben anders. Sie schauen das Leben aus der Perspektive eines neuen Paradigmas an, und dies führt zu dramatischen, revolutionären Änderungen. Wenn Sie Großeltern sind, erinnern Sie sich an die

Geburt Ihres ersten Enkelkindes. Sie erhielten eine neue Bezeichnung und bekamen eine neue Rolle.

Mit der neuen Bezeichnung und der neuen Rolle – dem neuen Paradigma – ändern sich Ihr Verhalten und Ihre Einstellungen dramatisch. Tatsächlich besteht der schnellste Weg zur Änderung des Paradigmas eines Menschen darin, seine Rolle oder seine Aufgabe zu ändern.

Erinnern Sie sich daran, wie es war, als Sie in Ihre erste Führungsposition befördert wurden? Haben Sie nicht angefangen, viele Dinge mit anderen Augen zu sehen? Es war eine revolutionäre Änderung. Dieselben Probleme, über die Sie sich vorher beschwert hatten, sahen Sie nun plötzlich anders, als Sie die Verantwortung für ihre Lösung trugen.

Auch Krisen können Paradigmenverlagerungen mit sich bringen, weil wir gezwungen sind, Prioritäten zu setzen. Als beispielsweise Anwar Sadat Präsident von Ägypten war, schwor er vor einem Millionenpublikum im Fernsehen: »Ich werde niemals einem Israeli die Hand reichen, solange er auch nur einen Zentimeter arabischen Bodens besetzt. Nie, nie, nie.« Und das Volk rief ihm zu: »Nie, nie, nie.«

Sadat wusste eigentlich sehr wohl, dass er in einer gefährlichen Welt mit vielen gegenseitigen Abhängigkeiten lebte. Zum Glück hatte er gelernt, wie man Kopf und Herz einsetzt, um einen Paradigmenwechsel bei sich selbst zu bewirken. Er hatte dies als junger Mann gelernt, als er in einer Einzelzelle im Kairoer Hauptgefängnis inhaftiert war. Er lernte, wie man sich in einen meditativen Zustand versetzt, wie man Wunsch und Wirklichkeit in Einklang bringt und wie man einen Paradigmenwechsel in sich selbst bewirken kann, um eine Situation anders zu sehen. All dies sind Faktoren, die ihm letztlich jene unvergleichlich kühne Friedensinitiative in Jerusalem ermöglichten, der schließlich zum Camp-David-Abkommen führte.

Nach meiner Auffassung erzielen wir nur minimale Fortschritte, wenn wir unsere Aufmerksamkeit auf Techniken, auf Methoden, auf »To-do«-Listen und auf die jeweils dringlichste Aufgabe konzentrieren. Wenn wir wirklich vorankommen wollen, müssen wir unser Paradigma verlagern und eine völlig neue Sichtweise einnehmen.

Vier Management-Paradigmen

Nachfolgend beschreibe ich vier Management-Paradigmen. Auch wenn jedes Paradigma seine individuellen Vorzüge hat, weisen drei von ihnen

Grafik 6: Vier Paradigmen

Bedürfnis	*Metapher*	*Paradigma*	*Prinzip*
physisch/ wirtschaftlich	*Bauch*	*Wissenschaftlich/ Autorität*	*Gerechtigkeit*
sozial/ emotional	*Herz*	*Human Relations (wohlwollend autoritär)*	*Freundlichkeit*
mental	*Verstand*	*Human Resources*	*Nutzung und Entwicklung von Potenzial*
spirituell	*Geist (der ganze Mensch)*	*Prinzipien-orientierte Führung*	*Sinn*

grundsätzliche Mängel auf, weil sie auf falschen Annahmen über das Wesen des Menschen basieren.

- *Erstens: das wissenschaftliche Management-Paradigma.* Nach diesem Denkmodell ist der Mensch hauptsächlich von wirtschaftlichen Bedürfnissen bestimmt. Motiviert wird mit Zuckerbrot, um die Mitarbeiter zu Höchstleistungen anzuspornen, und Peitsche, um sie gegebenenfalls zur Räson zu bringen. Das entscheidende Merkmal dieses Paradigmas ist die uneingeschränkte Autorität, die der Manager ausübt. Er allein weiß, was am besten ist, und nur er trägt die Verantwortung dafür, dass seine Mitarbeiter die entsprechende Arbeit leisten. Natürlich achtet er in finanziellen Dingen sehr auf Gerechtigkeit. Im Zentrum dieses Paradigmas steht das Ziel, materielle und wirtschaftliche Bedürfnisse zu befriedigen.

  Die zugrundeliegende Annahme ist die vom *ökonomisch bestimmten Menschen:* Das Streben nach finanzieller Sicherheit ist die Haupttriebfeder unseres beruflichen Handelns. Dies hat fast zwangsläufig den Führungsstil mit Zuckerbrot und Peitsche zur Folge. Wenn diese Annahme wirklich so zuträfe, dürfte es von einem bestimmten Monatseinkommen aufwärts keine Motivationsprobleme mehr geben.

Der Führungsstil ist autoritär, weil der Manager die Entscheidungen alleine trifft und von seinen Mitarbeitern keine Mitsprache, sondern nur bezahlten Gehorsam erwartet. Es gibt viele Manager, die so führen. Von Zeit zu Zeit geben sie zwar vor, ein umfassenderes Menschenbild zu vertreten, aber das ändert nichts daran, dass sie Leistung einzig und allein über das Gehalt zu erkaufen versuchen.

- *Zweitens: das Paradigma der Human Relations.* Dieses Denkmodell berücksichtigt die Tatsache, dass die Menschen nicht nur einen Bauch haben, sondern auch ein Herz, das heißt, sie sind soziale Wesen. Sie sind zu Gefühlen fähig. Für den Manager bedeutet dies, dass seine Mitarbeiter nicht nur gerecht, sondern auch freundlich, höflich und korrekt behandelt werden wollen. Aber auch dieses Paradigma muss noch als autoritär bezeichnet werden, selbst wenn es mit wohlwollenden Elementen durchsetzt ist. Die Manager agieren immer noch in einem geschlossenen Zirkel, der sie gleichsam zu einer Elite macht. Freundlichkeit und Gerechtigkeit können nicht darüber hinwegtäuschen, dass die ganze Macht und die Kontrolle uneingeschränkt bei ihnen liegen.

Dieses Paradigma basiert auf der Annahme vom *sozioökonomischen Menschen:* Die Menschen haben nicht nur materielle Bedürfnisse, sondern auch soziale: Sie wollen gut behandelt und respektiert werden, und sie brauchen das Gefühl, einer Gemeinschaft anzugehören. Diese Sichtweise der menschlichen Natur war die Grundlage für die Entwicklung der Theorie der Human Relations.

Auch in diesem Modell wird dem Management letztendlich die Entscheidungsbefugnis zugeordnet; zumindest gibt es hier jedoch Personalmanager, denen es obliegt, Teamgeist zu fördern, eine positive Haltung dem Unternehmen gegenüber aufzubauen und auf ein harmonisches Miteinander der Beschäftigten hinzuwirken. Manager, die sich an diesem Denkmodell orientieren, laufen jedoch Gefahr, einen zu permissiven und nachgiebigen Stil zu entwickeln, weil sie ein ausgeprägtes Bedürfnis haben, beliebt zu sein. Meist verabscheuen sie nichts so sehr, wie anderen Menschen feste Normen und Erwartungen vorzugeben. Viele dieser Manager sind ein Opfer falscher Dichotomien geworden. Sie denken: »Wir sind entweder hart oder weich, stark oder schwach. Wenn wir die Verantwortung nicht übernehmen, tut es ein anderer und bestimmt über uns.« Und da ein autoritärer Stil fast immer zu schnelleren Ergebnissen als ein permissiver Stil führt, steht ein Manager, der an das sozioökonomische Paradigma glaubt, vor einem Dilemma. Meist löst er es, indem er einen wohlwollend autoritären Führungsstil annimmt. Er ist dann wie ein freundlicher Vater, der stets weiß, was für seine Kinder am besten ist, und der so lange für sie sorgt, wie sie sich seinen Wünschen fügen. Sobald sie sich jedoch auflehnen, gilt das als mangelnde Loyalität oder Undankbarkeit: »Und das nach allem, was ich für sie getan habe!«

- *Drittens: das Paradigma der Human Resources.* Dieser Ansatz bezieht nicht nur die Faktoren Gerechtigkeit und Freundlichkeit ein, sondern auch Effizienz. Welche Leistung kann der einzelne Mitarbeiter für das Unternehmen erbringen? Diese Frage stellt sich, weil das Modell dem Menschen nicht nur Bauch und Herz zuschreibt, sondern auch einen Verstand: Menschen sind erkennende, denkende Wesen. Erst dieses umfassendere Menschenbild ermöglicht es einer Führungskraft, sich Gedanken darüber zu machen, wie Talent, Kreativität, Ressourcen, Klugheit und Ideenreichtum der Mitarbeiter am besten genutzt werden können. Sie kann beispielsweise mehr delegieren, weil Menschen, wenn sie sich einem Ziel verschrieben haben, gerne selbstständig arbeiten. Überhaupt sieht sie in den Menschen die wichtigste Ressource des Unternehmens. Mitarbeiter brauchen eine optimale Umgebung und eine Kultur, in der sie ihre Talente und Energien entfalten können. Sie haben das Bedürfnis, einen sinnvollen Beitrag zum Allgemeinwohl zu leisten. Deshalb möchten sie, dass ihre Talente gefördert, genutzt und nicht zuletzt auch anerkannt werden.

Dieses Paradigma würdigt die *Psyche des Menschen*: Wir brauchen nicht nur wirtschaftliche Sicherheit und soziale Zugehörigkeit, sondern wir möchten auch wachsen, uns weiterentwickeln und mit dazu beitragen, dass Ziele, die wir für wichtig erachten, erfüllt werden. Ein Manager, der nach diesem Paradigma handelt, geht davon aus, dass in seinen Mitarbeitern noch viel mehr steckt als das, was sie bisher gezeigt haben. Seine Aufgabe ist es, diese ungenutzten Fähigkeiten aufzudecken und für die Ziele des Unternehmens einzusetzen. Dazu muss er ein geeignetes Umfeld schaffen und für günstige Rahmenbedingungen sorgen.

- *Viertens: prinzipienorientierte Führung.* Die Faktoren in diesem Paradigma heißen Gerechtigkeit, Freundlichkeit, Effizienz und Effektivität: Es sieht den ganzen Menschen, und nicht nur das ökonomische, soziale oder psychologische Wesen. Menschen haben auch einen Geist, sie suchen einen Sinn in dem, was sie tun. Es genügt nicht, dass ihre geistigen Fähigkeiten beansprucht werden, sondern das, was sie tun, muss auch einen Sinn haben.

  Prinzipienorientierte Manager wissen, dass jeder Mitarbeiter über mehr Energie, Kreativität und Initiative verfügt, als sein Arbeitsplatz ihm einräumt oder abverlangt. Jeder Mensch hat die innere Sehnsucht: »Glaube an mich.« IBM hat daraus die Konsequenzen gezogen und den Glauben an die Würde und das Potenzial des einzelnen Mitarbeiters zur Basis des Unternehmensleitbildes gemacht. Wer das prinzipienorientierte Modell erst einmal verinnerlicht hat, stellt fest, dass die veränderte Sichtweise der Menschen sich täglich unter Beweis stellt: Sie erfüllen die an sie gerichteten Erwartungen.

  In anderen Unternehmen verwenden Mitarbeiter einen großen Teil ihrer Kreativität auf die Erfüllung eigener Ziele und Träume. Entsprechend wenig Energie bleibt für die Arbeit übrig. Negative Synergie stellt eine enorme Verschwendung menschlicher Talente dar. Die Formel für positive Synergie heißt: Beteiligung + Geduld = Engagement. Der Mitarbeiter hinter dem Schreibtisch muss so behandelt werden wie der Kunde, der ihm gegenübersitzt. Engagement lässt sich schließlich durch nichts auf der Welt erkaufen.

Im Rahmen meiner Arbeit frage ich die Menschen oft, ob sie damit einverstanden wären, ein Loch zu graben und es acht Stunden am Tag und fünf Tage in der Woche bis zum Rentenalter aufzufüllen, wenn sie dafür ein Jahresgehalt von einer Million Dollar bei jährlichem Inflationsausgleich erhielten. Manche antworten mit »Ja«, weil sie ihre derzeitige wirtschaftliche Situation verbessern wollen. Innerhalb weniger Jahre wären sie jedoch verrückt, selbst wenn sie versuchen würden, in ihrer Freizeit sinnvolleren Beschäftigungen nachzugehen. Denn der Satz trifft nach wie vor zu: Der Mensch lebt nicht vom Brot alleine.

Aus diesem umfassenden Menschenbild ergibt sich die Forderung, jedem Menschen ein anspruchsvolles und erfülltes Arbeitsleben zu ermöglichen. Prinzipienorientierte Führungskräfte versuchen deshalb, langweilige, sich wiederholende Aufgaben zu automatisieren und den Mitarbeitern die

Chance zu geben, auf ihre Leistungen stolz sein zu können. Sie fördern ihre Mitwirkung an Entscheidungsprozessen und bei wichtigen Regelungen. Je wichtiger ein Problem ist, desto mehr bemühen sie sich sogar um gemeinsam erarbeitete Lösungen. Sie sind stets bestrebt, Mitarbeitern mehr Verantwortung und Selbstständigkeit einzuräumen, damit sie sich weiterentwickeln und dazulernen.

Aus vielen Untersuchungen, die in Unternehmen durchgeführt wurden, geht hervor, dass die meisten Menschen, wenn sie die Wahl hätten, prinzipienorientiert geführt werden möchten. Sie wollen einen Sinn und Zweck in ihrem Leben erkennen. Sie möchten von ihren Vorgesetzten in jeder Hinsicht respektiert werden. Gleichzeitig erwarten diese wiederum von ihren Untergebenen, dass sie das Paradigma der Human Relations akzeptieren: »Ich möchte, dass du (da oben) mich um meine Meinung fragst, aber ich möchte auch, dass du (da unten) wie ein guter Soldat mitmarschierst. Sei kooperativ und hilfsbereit.«

Das wissenschaftliche Management-Paradigma (Bauch) sagt: »Bezahl mich gut.« Das Paradigma der Human Relations (Herz) sagt: »Behandle mich gut.« Das Paradigma der Human Resources (Verstand) sagt: »Nutze mich gut.« Das Paradigma der prinzipienorientierten Führung (der ganze Mensch) sagt: »Lass uns über Vision und Leitbild, Rollen und Ziele reden. Ich möchte etwas Sinnvolles beitragen.«

Von diesen vier Denkmodellen bietet die *prinzipienorientierte Führung* die umfassendste Richtschnur. Sie berücksichtigt nicht nur das Gebot der Gerechtigkeit und Freundlichkeit gegenüber den Mitarbeitern, sie nutzt nicht nur ihre Talente besser und erhöht damit ihre Effizienz, sondern sie führt auch zu ungeahnten Fortschritten in der persönlichen Effektivität und zu Leistungssteigerungen im Unternehmen.

Kapitel 13

Die Vorteile der prinzipienorientierten Führung

Im Rahmen meiner Arbeit mit dem Vorstand eines in Dallas, Texas, beheimateten Immobilienkonzerns stellte ich einmal die Frage: »Existiert in Ihrem Konzern eine Aussage über das Unternehmensleitbild?«

Ich musste nachhaken, um dann eine etwas unwillig erteilte Antwort zu erhalten. Sie lautete folgendermaßen: »Ziel des Unternehmens ist es, das Vermögen der Aktionäre zu mehren.« Ich fragte: »Lassen Sie das drucken und verteilen, um Ihre Kunden von sich zu überzeugen und die Mitarbeiter zu motivieren?«

»Es ist eher so etwas wie eine private Aussage. Mit diesem idealistischen Kram haben wir nichts am Hut. Im Geschäftsleben geht es doch nur um das eine, ums Geldverdienen.« Ich antwortete: »Das gehört sicherlich zu den wichtigsten Zielen. Aber jetzt will ich Ihnen sagen, wie es in Ihrem Unternehmen aussieht.«

Dann beschrieb ich die Merkmale der Unternehmenskultur: zwischenmenschliche Konflikte; Rivalitäten zwischen Abteilungen; Grüppchen, die sich an wichtigen Fragen aufrieben und polarisierten; Gerüchte und üble Nachreden; all das übertüncht mit oberflächlicher Freundlichkeit. Daraufhin umriss ich den Zustand der ganzen Branche: gewerkschaftlich organisiert mit Menschen, die nur mit halber Kraft arbeiteten; gegensätzliche Interessen zwischen Abteilungen; ständiger Kampf um die Marktanteile und eine Inflation von Werbeaktionen, um die Umsatzziele zu erreichen.

Die Manager fragten: »Woher wissen Sie all das?« »Sie haben es mir gerade eben gesagt: Sie befassen sich nur mit den wirtschaftlichen Bedürfnissen der Menschen, beschränken sich dabei auf eine Ebene und gehen von falschen Annahmen aus. Die Konsequenz ist beinahe zwangsläufig: Die Mitarbeiter suchen nach anderen Wegen, um ihre Bedürfnisse zu befriedigen und sinnvoller zu arbeiten.«

»Und was schlagen Sie nun vor?« Ich legte ihnen die Grundzüge eines neuen Management-Paradigmas dar. Noch während meiner Präsentation begannen sie einzusehen, dass in ihrer Kultur grundlegende Veränderungen notwendig waren, und sie fragten: »Wie lange wird das Ganze wohl dauern?«

»Nun, das hängt davon ab, wie sehr Sie unter der derzeitigen Situation leiden. Wenn Sie glauben, sie hinnehmen zu können, verändert sich vielleicht nie etwas. Stehen Sie jedoch unter Druck oder meldet sich Ihr Gewissen, weil die Unternehmenskultur doch sehr zu wünschen übrig lässt, dann sollten Sie handeln. Fangen Sie an, eine Aussage über das Unternehmensleitbild zu formulieren, und richten Sie dann Stil, Struktur und Systeme danach aus. Dafür sollten Sie ein bis zwei Jahre ansetzen.«

»Sie dürfen eins nicht vergessen, Stephen – Wir arbeiten schnell. So etwas bringen wir an einem Wochenende über die Bühne.« Ihr Paradigma kreiste also letztendlich nur ums Geschäft. Die daraus erwachsene Kultur verhinderte wirkliche Teamarbeit, weil die Prioritäten falsch gesetzt wurden. Über das Schicksal einer Immobilie konnte durchaus einmal an einem Wochenende entschieden werden, aber ein völlig neues Managementkonzept hätte etwas mehr Zeit erfordert.

Im Folgenden will ich diesem Beispiel ein Paradigma entgegensetzen, mit dessen Hilfe Führungskräfte ihre Abläufe besser analysieren und Ziele zuverlässiger erreichen können, weil es Unternehmen und Organisationen in ihrer Ganzheit erfasst. Ich nenne es das *Paradigma der prinzipienorientierten Führung*.

Die Elemente des Paradigmas

Das Paradigma der prinzipienorientierten Führung besteht aus vier Ebenen und Prinzipien. Es beinhaltet die folgenden acht Elemente.

- *Menschen.* Das Paradigma der prinzipienorientierten Führung basiert nicht auf einer besonders effizienten Unternehmensstruktur oder einem optimalen Führungsstil, sondern auf der Effektivität der Menschen. Es trägt der Tatsache Rechnung, dass ein Unternehmen letztendlich aus Menschen besteht: Auf sie geht alles zurück, was auf persönlicher, zwischenmenschlicher, Führungs- und Unternehmensebene geschieht. Die Unternehmenskultur ist nur ein Ausdruck dessen, wie die Mitarbeiter sich selbst, ihre Kollegen und ihr Unternehmen sehen.

Grafik 7: Das Paradigma der prinzipienorientierten Führung

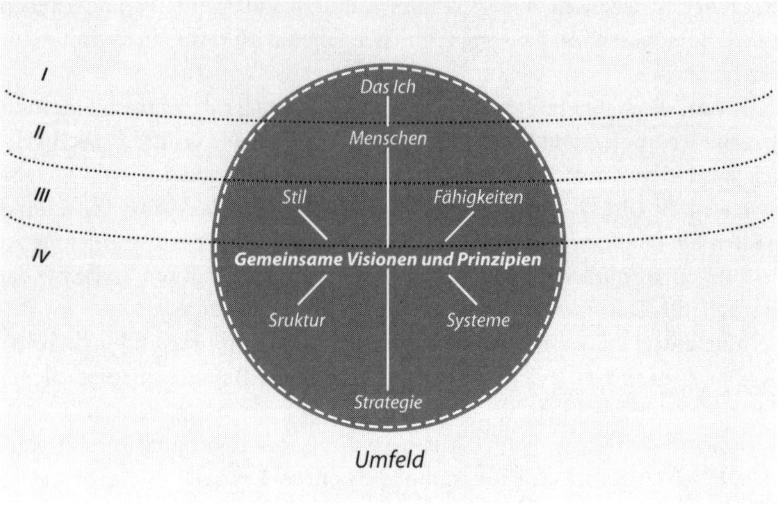

©FranklinCovey

- *Das Ich.* Ganz gewiss gibt es vielerlei Anlass zur Sorge über Ereignisse innerhalb und außerhalb des Unternehmens. Wenn wir jedoch sinnvolle Veränderungen herbeiführen wollen, müssen wir mit den Dingen beginnen, die wir selbst beeinflussen können. Es zeigt sich also auch hier wieder, dass wirklicher Wandel nur von innen kommt.
- *Stil.* Ein partizipativer Führungsstil fördert einerseits Innovationsbereitschaft, Initiative und Engagement, andererseits hat er zur Folge, dass das Verhalten der Mitarbeiter weniger vorhersehbar wird. Das bedeutet, dass die Manager ein gewisses Maß an Kontrolle aufgeben müssen. Wenn sie von Partizipation reden, aber an ihren Kontrollbefugnissen festhalten, entsteht ein Klima der Resignation.
- *Fähigkeiten.* Delegation, Kommunikation, Verhandlungsführung und Selbstmanagement sind wichtige Bereiche, die man beherrschen muss, um gute Arbeit zu leisten. Glücklicherweise können solche Kompetenzen durch Training und Weiterbildungsmaßnahmen erlernt oder aufgefrischt werden.
- *Gemeinsame Vision und Prinzipien.* Wie soll gearbeitet werden? Um diese Frage beantworten zu können, müssen die Strukturen und die

Aufgaben des Managements möglichst einvernehmlich festgelegt werden. Leistungsvereinbarungen nach dem Win-win-Prinzip, die auf einer gemeinsamen Vision und gemeinsamen Prinzipien beruhen, geben beiden Seiten genügend Freiraum, um eigene Prioritäten zu setzen. Das kann so aussehen, dass der Mitarbeiter ein Projekt bearbeitet und der Vorgesetzte ihm unterstützend zur Seite steht. Fehlt eine solche Leistungsvereinbarung, wird der Vorgesetzte zu sehr von seinen Kontrollaufgaben beansprucht, weil die Mitarbeiter nicht für die Ergebnisse ihrer Arbeit verantwortlich sind.

- *Strukturen und Systeme.* In Unternehmen gibt es verschiedene Arten von interdependenten Beziehungen, die bestimmte Strukturen und Systeme erfordern. Die beste Metapher dafür ist der menschliche Körper: Das Nervensystem übermittelt Nachrichten (Informationen), der Kreislauf transportiert Nährstoffe (Entlohnung); das Skelett (Struktur) hält den Menschen aufrecht; das Atmungssystem liefert Sauerstoff (Feedback).

  All diese Systeme sind interdependent: Eine Krankheit kann ihr Gleichgewicht ganz empfindlich stören. Auch in Unternehmen gibt es ein Gleichgewicht, einen Zustand ohne nennenswerte Probleme, Konflikte und Bedrohungen. Damit ist jedoch noch nichts über den Grad der Produktivität ausgesagt. Die Mitarbeiter können äußerst kreativ sein, Synergie erzeugen, Teamgeist entwickeln und die Unternehmensziele aus Überzeugung unterstützen. Sie können aber auch ein Klima der Feindseligkeit pflegen, Intrigen spinnen, eine geringe Produktivität festschreiben und entsprechend magere Gewinne erwirtschaften. Selbst in diesem Fall kann sich ein Unternehmen im Gleichgewicht befinden, wenn auch auf einer niedrigen Leistungsstufe.

Die meisten Unternehmen kennen sechs Systeme:

1. *Information.* Die Führungskräfte möchten ein genaues, ausgewogenes, objektives Bild dessen, was im Unternehmen vor sich geht. Dazu benötigen sie ein Informationssystem, das ihnen auch Auskunft über die Stimmungslage aller Unternehmensmitglieder gibt. Verlässliche Daten ermöglichen kluge Entscheidungen (ein weises Urteilsvermögen vorausgesetzt).

2. *Entlohnung.* Dazu zählen das Gehalt, Anerkennung, Verantwortung, Aufstiegschancen und jegliche Vergünstigungen, die mit einer Position zusammenhängen. Ein effektives Entlohnungssystem enthält sowohl finanzielle als auch psychologische Elemente. Es belohnt Kooperation und fördert den Teamgeist.
3. *Personalentwicklung.* In effektiven Programmen übernimmt der Lernende selbst die Verantwortung für seine Lernerfolge. Der Lehrer und die Lehrinstitution werden als hilfreiche Unterstützung angesehen. Der Lernende hat also mehr Kontrolle über das System als umgekehrt. Er kann sein Tempo selbst bestimmen und darüber entscheiden, mit welchen Methoden er die von beiden Seiten vereinbarten Ziele erfüllen will. Der Lernende gibt sein neu erworbenes Wissen weiter, was sein Engagement und den Lerneffekt erhöht. Die Ziele der Trainingsprogramme werden auf die individuelle berufliche Situation des Einzelnen abgestimmt.
4. *Mitarbeiterauswahl.* Prinzipienorientierte Manager wählen ihre Mitarbeiter sehr sorgfältig aus. Sie berücksichtigen die Fähigkeiten des Kandidaten, seine Begabungen und Interessen sowie die Anforderungen des Arbeitsplatzes. Besondere Stärken und Vorlieben werden sich auch auf das Unternehmen positiv auswirken. Die Interessen beider Parteien müssen stets berücksichtigt werden, ob im Vorstellungsgespräch, während des Auswahlprozesses oder bei der endgültigen Entscheidung. Bestimmte Erfolgsmuster im Berufsleben eines Kandidaten müssen daraufhin überprüft werden, ob sie zu den Mustern passen, die im Unternehmen und in der Branche gefordert werden. Diskrepanzen sollten offen zur Sprache gebracht werden. Effektive Manager suchen dann, bevor sie eine abschließende Entscheidung über eine Einstellung, Beförderung, Versetzung oder Entlassung treffen, Rat bei Kollegen und Vorgesetzten, denen sie vertrauen.
5. *Arbeitsgestaltung.* So wie ein Haus den Bedürfnissen und dem Geschmack seiner Bewohner so weit wie möglich entsprechen sollte, so könnten auch Arbeitsplätze auf die Interessen und Qualifikationen der Beschäftigten abgestimmt werden. Jeder Mitarbeiter möchte wissen, welchen Zwecken seine Arbeit dient, in welchem Zusammenhang sie mit den Unternehmenszielen steht und welchen individuellen Beitrag er dazu leisten kann. Darüber hinaus benötigt er Informationen darüber, wo er Hilfe und Unterstützung findet, welche Ressourcen ihm zur Verfügung stehen und wie weit seine Freiheit in der Wahl der Methoden

reicht. Von Anfang an sollten Feedback-Kanäle geschaffen werden, und man sollte Vorsorge dafür treffen, dass Menschen sich weiterentwickeln und neue Chancen suchen.

6. *Kommunikation.* Gespräche unter vier Augen zur Ausarbeitung der Leistungsvereinbarungen und ihrer Erfolgskontrolle sind der Schlüssel zu einer effektiven Kommunikation im Unternehmen. Empfehlenswert sind auch folgende Kommunikationsformen, die nach Bedarf zum Einsatz kommen und handlungsorientiert sind: innerbetriebliche Ausschreibungen, mit denen Vorschläge für Sparmaßnahmen gesucht und belohnt werden; Maßnahmen, die eine Politik der offenen Tür und den Anspruch auf eine gerechte Behandlung reflektieren; jährliche Gehaltsgespräche; anonyme Meinungsumfragen und Brainstorming in Arbeitsgruppen. Kommunikationssysteme funktionieren effektiver, wenn sie in den Rahmen einer Vision und eines Leitbildes eingebettet sind. Oft weisen Systeme in die falsche Richtung, weil sie von Mitarbeitern mit einer Mangel-Mentalität errichtet werden. Diese fühlen sich durch kompetente Kollegen bedroht, sie ertragen es nicht, wenn auch andere gute Ideen haben, und sie können Anerkennung und Macht nicht teilen.

- *Strategie.* Die Strategie sollte auf das einmal erarbeitete Unternehmensleitbild, die verfügbaren Ressourcen und die Marktbedingungen abgestimmt werden. Sie muss regelmäßig überprüft und gegebenenfalls angepasst werden, etwa wenn sich die Wettbewerbssituation verändert.
- *Umfeld.* Jedes Unternehmen muss Einflüsse von innen und von außen verarbeiten. Diese müssen kontinuierlich beobachtet werden, damit sich nicht eines Tages die Strategie, das Leitbild und die Systeme zu weit von der Realität entfernt haben. Kluge Führungskräfte verfolgen deshalb neue Entwicklungen und bilden ein Gespür für sich abzeichnende Veränderungen aus, um sich vor unangenehmen Überraschungen möglichst wirkungsvoll zu schützen.

Produkte und Dienstleistungen, die höchsten Ansprüchen genügen, können nur von Menschen stammen, die auch hohe Ansprüche an sich selbst stellen. Der Schlüssel dafür sind Charakter und Kompetenz. Prinzipienorientierte Menschen streben Quantität durch Qualität und Ergebnisse durch zwischenmenschliche Beziehungen an. In ihrer Ehe und Familie, am Arbeitsplatz und im Verein lautet ihr Leitprinzip: »Wir klatschen nicht über Abwesende. Wenn wir Kritik üben, dann um anderen zu helfen, und nicht, um eine vermeintliche Überlegenheit zu demonstrieren. Konflikte lösen wir im direkten Gespräch.« Ein solches Verhalten erfordert sehr viel Mut und Charakterstärke – und diese entwickelt man, indem man prinzipienorientiert und nach dem Paradigma der prinzipienorientierten Führung lebt.

Vier Charakteristiken

Ein Paradigma ist ein der Natur nachempfundenes Modell. Deshalb bedeutet jede Verbesserung eines Paradigmas auch den Versuch, mehr Verständnis für die Natur zu entwickeln. Wenn ein solches Paradigma aber von vornherein mit Fehlern behaftet ist, spielt es keine Rolle mehr, wie vorbildlich Sie sich verhalten oder wie gut Ihre Absichten sind.

Das Paradigma der prinzipienorientierten Führung weist vier Merkmale auf, welche die Natur besser als die meisten anderen Konzepte beschreiben.

- *Erstens: Es ist ganzheitlich.* Mit anderen Worten, das Paradigma schafft für Fragen der Unternehmensstruktur ebenso einen Rahmen wie für Fragen der Unternehmensführung, des Führungsstils und des Personalmanagements. Es handelt sich um ein offenes System, das interne Einflüsse, branchenspezifische Gegebenheiten und sogar gesellschaftliche Bedingungen beschreiben kann.

  Es gibt kein Unternehmen, in dem alle Faktoren genau in die richtige Richtung weisen. Pro-aktive, prinzipienorientierte Menschen lassen sich aber nicht zum Opfer widriger Umstände machen. Sie streben unbeirrt danach, etwas Sinnvolles aus der Umgebung zu machen, in der sie leben und arbeiten – aus den gesellschaftlichen Bedingungen, aus den wirtschaftlichen, sozialen und politischen Entwicklungen, aus den kulturellen Kräften und internationalen Märkten.

- *Zweitens: Es ist ökologisch.* Dies bedeutet, dass die einzelnen Elemente miteinander in Beziehung stehen, wie es in jedem Ökosystem der Fall ist. Veränderungen in einem Bereich haben Auswirkungen auf jeden anderen Bereich. Einige Management-Paradigmen gehen davon aus, dass ein Unternehmen aus separaten, mechanischen, nichtorganischen, nichtökologischen Bestandteilen besteht. Viel zutreffender ist es jedoch, Unternehmen als Ökosysteme innerhalb größerer Biosphären und damit als Teil der Natur zu sehen. Auch die Natur lässt sich nicht in getrennte Einheiten gliedern, weil sie ein unteilbares Ganzes ist.

- *Drittens: Es ist auf Entwicklung angelegt.* Dies bedeutet, dass viele Prozesse in kleinen, aufeinander aufbauenden Schritten erfolgen. Wachstum und Fortschritt vollziehen sich in einer bestimmten Abfolge. Diesen Entwicklungsaspekt berücksichtigen viele traditionelle Management-Paradigmen nicht. Stattdessen gehen sie davon aus, dass man in einen beliebigen Prozess auf jeder Stufe einsteigen und das gewünschte Ergebnis erzielen kann. Die beste Metapher dafür sind die sechs Tage der Schöpfung. Wirkliche Fortschritte beginnen von innen heraus.

- *Viertens: Es beschreibt pro-aktive Menschen.* Jeder Mensch hat einen Willen und kann eigenständige Entscheidungen treffen. Natürlich ist diese menschliche Eigenschaft unterschiedlich stark ausgeprägt, etwa weil psychische Verletzungen in der Kindheit oder auch in der jüngeren Vergangenheit nachwirken. Wettbewerbsorientierte Menschen denken eher defensiv, sie schützen ihre Interessen und befürchten immer, zu kurz zu kommen. Andere, die in ihrem Leben bestätigt und bedingungslos geliebt wurden, ruhen in sich selbst und wissen, dass für alle genug da ist.

In den meisten Management-Paradigmen geht es nur darum, Mitarbeiter so zu führen, dass sie effizienter arbeiten. Sie werden also wie Sachen behandelt, die sich beliebig einsetzen lassen. Die Folge dieser Einstellung ist, dass die Mitarbeiter eine immer stärkere Abwehrhaltung gegen diese Behandlung einnehmen. Sie engagieren sich etwa in der Gewerkschaft und suchen nach Wegen, um den menschenverachtenden, opportunistischen Tendenzen dieses Managementstils etwas entgegenzusetzen! Man kann mit Dingen effizient umgehen, aber mit Menschen muss man effektiv sein.

Die vier Eigenschaften des Paradigmas der prinzipienorientierten Führung – ganzheitlich, ökologisch, entwicklungsbezogen und menschenorientiert statt sachorientiert – machen es zu einem idealen Instrument für das Management und die prinzipienorientierte Führungsarbeit.

Kapitel 14

Die sechs Merkmale des Empowerment

Wir finden uns im Leben zurecht, weil wir ein Bild von der Wirklichkeit haben, das auf bestimmten Annahmen beruht. Leider führen falsche Annahmen auch zu falschen Schlussfolgerungen, selbst wenn der Denkprozess an sich korrekt ist.

Stichhaltige Schlussfolgerungen kann man also nur aus einem schlüssigen Denkprozess gewinnen, der wiederum auf korrekten Prämissen beruht.

Diese einfache, fast offensichtliche Wahrheit wird häufig nicht beachtet. Es gibt ganze Bereiche sogenannten objektiven Wissens, die auf nichts weiter als auf subjektiven Annahmen basieren. Deshalb sollten wir alle die Grundannahmen in unseren jeweiligen Fachgebieten, soweit es durch vorhandene Forschungsergebnisse und Literatur möglich ist, infrage stellen und validieren. Die Psychologie geht etwa von bestimmten Annahmen über das Wesen des Menschen aus. Wirtschaftsführer sind insofern praktizierende Psychologen, als ihre Versuche, Mitarbeiter zu motivieren, immer auf einem bestimmten Menschenbild aufbauen.

In seiner Autobiografie *Eine amerikanische Karriere* schreibt Lee Iacocca (1989), dass er neben den technischen und betriebswirtschaftlichen Kursen am College auch vier Jahre lang Psychologie und Psychopathologie belegte. »Es ist mir völlig ernst damit, wenn ich sage, dass dies wohl die wertvollsten Kurse meiner ganzen Studienzeit waren. Das Schwerpunktthema eines Kurses handelte von nicht mehr und nicht weniger als den Grundlagen menschlichen Verhaltens: Was motiviert einen Menschen?«

Die meisten oberen Führungskräfte haben mittlerweile die Bedeutung der prinzipienorientierten Führung erkannt. Die Frage ist nur noch, wie sie angewandt werden soll. Wie behandelt ein Manager den »ganzen Menschen«? Wie spiegelt sich dieses umfassende Menschenbild im Unternehmen? Wie können Manager einen seit Jahren oder Jahrzehnten praktizierten autoritären oder wohlwollend autoritären Stil ablegen? Wie befreien sie das Unternehmen von überflüssigem psychischem und strukturellem Ballast und räumen den Mitarbeitern ausreichend Freiheit, Flexibilität und Verantwortung ein, um dem neuen Menschenbild gerecht zu werden?

»Schlank und beweglich«, die Losung von General Electric, lässt sich auf die unterschiedlichsten Situationen anwenden. So werde ich nie eine Europareise vergessen, die ich mit meiner Familie unternahm. Nach kurzer Zeit hatten wir so viele Dinge angesammelt – Kleidung, Geschenke, Reiseunterlagen und Souvenirs –, dass wir unsere Koffer kaum noch schleppen konnten. Schließlich beschlossen wir, den größten Teil davon einige Tage vor dem Ende unserer Reise einem Freund zu geben, der es nachhause schickte. Plötzlich fühlten wir uns frei und unbelastet, und wir konnten uns wieder ungehindert bewegen. Wir mussten keinerlei Energie mehr für unser Gepäck verschwenden.

Diese Erfahrung lässt sich auch auf die Unternehmensführung übertragen. Ich meine, dass Führungskräfte ihre falschen Annahmen über die menschliche Natur verwerfen und sich von unnötigem Ballast befreien müssen. Erst dann wird es möglich, das Potenzial der Mitarbeiter voll auszuschöpfen und die Effektivität zu erhöhen. Lee Iacocca meint dazu, dass wir zuerst etwas über Motivation lernen müssen, ehe wir Strukturen aufbauen. Gemäß der Maxime der Architekten – »Die Form folgt der Funktion« – könnten wir versuchen, unsere Annahmen zu überprüfen, bevor wir Strategien und Systeme entwickeln.

Um Mitarbeiter zu Höchstleistungen zu motivieren, müssen wir Bereiche finden, in denen die Bedürfnisse und Ziele des Unternehmens mit den Bedürfnissen, Zielen und Fähigkeiten des Einzelnen zusammenkommen. Dann können wir Verpflichtungen eingehen, die beiden Seiten Vorteile einbringen und niemanden zum Verlierer machen: die Win-win-Vereinbarungen. In deren Rahmen können Mitarbeiter so selbstständig handeln, dass sie sogar deren Einhaltung selbst kontrollieren. Als Vorgesetzte schaffen wir die notwendigen Voraussetzungen für diese Selbstständigkeit und stehen mit Rat und Tat zur Verfügung. Mit den Win-win-Vereinbarungen werden gleichzeitig auch Kriterien der Verantwortlichkeit festgelegt, anhand derer die Mitarbeiter in regelmäßigen Abständen eine Selbstbeurteilung vornehmen.

Die folgenden vier Voraussetzungen sind also nötig, um Empowerment zu erlangen: 1. Win-win-Vereinbarungen, 2. Selbstüberwachung, 3. Unterstützung durch Strukturen und Systeme, 4. Verantwortlichkeit.

Im Wesentlichen handelt es sich bei der Win-win-Vereinbarung um einen psychologischen Vertrag zwischen Manager und Mitarbeiter. Die Parteien gehen Verpflichtungen in fünf Bereichen ein: Zielerfüllung, Richtlinien, Ressourcen, Verantwortung und Konsequenzen. Die Festlegung und Durchführung einer Win-win-Vereinbarung lässt sich in die folgenden fünf Schritte gliedern.

1. Schritt: *Sie definieren die angestrebten Ziele.* Reden Sie über Ihre Erwartungen und bestimmen Sie dabei Quantität und Qualität der gewünschten Ergebnisse so genau wie möglich. Informieren Sie Ihren Mitarbeiter über Budget und Zeitplan. Überzeugen Sie ihn von seiner Aufgabe, aber lassen Sie ihn dann selbst über die besten Methoden ihrer Realisierung entscheiden. Im Wesentlichen stellen die Ziele die Schnittmenge dar, die aus der Unternehmensstrategie, dem Leitbild und der Arbeitsgestaltung einerseits und den Zielen, Bedürfnissen und Fähigkeiten des Mitarbeiters andererseits entsteht. Das Win-win-Konzept verlangt vom Manager und vom Mitarbeiter, dass sie ihre Erwartungen klar zum Ausdruck bringen und sich für die vereinbarten Ziele gemeinsam einsetzen.

2. Schritt: *Sie geben Richtlinien vor.* Sagen Sie Ihren Mitarbeitern, welche Grundsätze und Vorgehensweisen zu beachten sind. Beschränken Sie sich dabei auf das Notwendigste. Schriftliche Anweisungen zur Unternehmenspolitik sollten kurz sein und hauptsächlich auf die zugrundeliegenden Prinzipien Bezug nehmen. Nur unter solchen Bedingungen können Ihre Mitarbeiter flexibel auf Veränderungen reagieren und ihr Handeln stets auf die Unternehmensziele abstimmen.

In den Richtlinien sollten Sie auch auf die Gefahren eingehen, welche die Erfüllung der Unternehmensziele bedrohen. Viele Management-by-Objectives-Programme scheitern kläglich, weil sie nichts über Gefahren und Grenzen aussagen. Den Mitarbeitern wird suggeriert, sie würden über beinahe unbegrenzte Flexibilität und Freiheit verfügen. Das endet oft damit, dass sie täglich das Rad neu erfinden, Pläne über den Haufen werfen, unweigerlich Misserfolge erleben und dann zutiefst frustriert sind.

Unter den Beschäftigten breitet sich die Haltung aus: »Lass uns doch diesen MbO-Kram vergessen. Sagt uns lieber, was wir tun sollen.« Nach solchen Enttäuschungen ist die Gefahr besonders groß, dass die Arbeit nur unter dem Aspekt des Geldverdienens gesehen wird und alle darüber hinausgehenden Bedürfnisse außerhalb der Firma befriedigt werden.

Bei der Beschreibung der Gefahren und Grenzen sollten Sie auch erklären, wann und in welcher Form der Mitarbeiter seine Initiative ausübt: Soll er warten, bis man ihn zum Handeln auffordert; soll er Fragen sofort stellen oder vorher selbst nach Lösungen suchen; soll er über jede einzelne Maßnahme einen Bericht erstellen, oder soll er sich an festgelegte Zeitabstände halten? Es ist wichtig, diese Fragen zu klären, weil dann jede Seite die an sie gerichteten Erwartungen kennt und Missverständnisse weitgehend ausgeschlossen werden.

Verschiedene Arbeitsbereiche können unterschiedliche Lösungen für diese Fragen nahelegen. Manchmal ist es besser, von Fall zu Fall Anweisungen zu erteilen, manchmal ist ein hohes Maß an Selbstständigkeit vorzuziehen: »Nutze deinen gesunden Menschenverstand und dein Urteilsvermögen, und tu, was du für richtig hältst; berichte uns in regelmäßigen Abständen über deine Maßnahmen und Ergebnisse.«

3. Schritt: *Sie benennen verfügbare Ressourcen.* Informieren Sie Ihre Mitarbeiter darüber, welche finanziellen, menschlichen, technischen und unternehmerischen Ressourcen ihnen zur Erreichung der Ziele zur Verfügung stehen. Dazu gehören auch Strukturen und Systeme: Informations- und Kommunikationswege und Trainings. Natürlich spielen hier Kollegen und andere Vorgesetzte eine wichtige Rolle. Regeln Sie die Zugangs- und Nutzungsmöglichkeiten all dieser Ressourcen, oder lassen Sie den Mitarbeiter selbst entscheiden, wie er von ihnen profitieren möchte.

4. Schritt: *Sie definieren das Ausmaß der Verantwortlichkeit.* Die Win-win-Vereinbarung hat größere Chancen, eingehalten zu werden, wenn die Mitarbeiter Rechenschaft über ihre Arbeit ablegen. Das stärkt das Verantwortungsbewusstsein und verhindert, dass schlechte Leistungen einfach den widrigen Umständen oder einem Sündenbock zugeschoben werden. Wenn die Mitarbeiter an der Ausarbeitung der Ziele beteiligt wurden und wenn sie diese für realisierbar halten, setzen sie sich auch dafür ein, sie zu verwirklichen.

Ergebnisse können auf drei Arten beurteilt werden: durch Messung, Beobachtung und Urteilskraft. Informieren Sie Ihre Mitarbeiter, welche Methode Sie wählen. Legen Sie auch fest, wann und wie Berichte zu erstellen und zu besprechen sind. In einer vertrauensvollen Unternehmenskultur stellen die Mitarbeiter viel höhere Ansprüche an sich selbst als ein außenstehender Bewerter oder Manager es je wagen würde. Außerdem ist die eigene Urteilskraft oft weit zuverlässiger als eine sogenannte objektive Messung. Der Grund ist offensichtlich: jeder Mitarbeiter weiß weit mehr über seine Leistungen, als das beste Punktesystem es je nachweisen könnte.

5. Schritt: *Sie legen Konsequenzen fest.* Legen Sie einvernehmlich fest, was geschieht, wenn die gewünschten Ergebnisse erreicht beziehungsweise nicht erreicht werden. Erfolge können mit finanziellen und psychologischen Belohnungen wie Anerkennung, Beförderung, Erweiterung des Aufgabenfeldes, zusätzlichen Trainingsangeboten, flexibler Arbeitszeit, Beurlaubung oder größerer Selbstständigkeit gewürdigt werden. Negative Konsequenzen können von einer Abmahnung bis hin zur Entlassung reichen.

Der Weg zum Selbstmanagement

Mit diesen fünf Merkmalen wird der Rahmen einer Win-win-Vereinbarung abgesteckt. Ergebnisse, Richtlinien, Ressourcen, Verantwortlichkeit und Konsequenzen bei guten oder schlechten Leistungen sind damit geklärt. Was die Vereinbarung nicht enthält, sind die einzelnen Methoden. Das Win-win-Konzept geht nämlich davon aus, dass Menschen in der Lage sind, sich selbst zu führen und zu kontrollieren. Deshalb können sie innerhalb des abgesteckten Rahmens selbst über die notwendigen Schritte entscheiden, um ihre Ziele zu erreichen.

Wenn mehr als zwei Menschen an einer Win-win-Vereinbarung beteiligt sind, wird aus dem psychologischen ein sozialer Vertrag. Er kann mit einem Team, einer Abteilung oder sogar einem ganzen Bereich geschlossen werden. Immer jedoch ist es unbedingt erforderlich, dass ausnahmslos alle Beteiligten an seiner Ausarbeitung mitwirken. Dieser soziale Vertrag motiviert sie nachhaltiger als der psychologische Vertrag, weil er dem menschlichen Bedürfnis Rechnung trägt, Teil einer Gemeinschaft zu sein und einen sinnvollen Beitrag zu ihrem Funktionieren zu leisten.

Zu den Vorteilen des psychologischen oder sozialen Win-win-Vertrags gehört seine fast unbegrenzte Flexibilität. Er passt sich an veränderte Umstände an und behält seine Gültigkeit auch dann, wenn die Beteiligten reifer und kompetenter werden. Wer wenig kann oder keinen Ehrgeiz hat, wird seine Ziele entsprechend niedrig ansetzen; er benötigt mehr Anweisungen; er verfügt über einen klar definierten Zugang zu Ressourcen und erstattet häufiger Bericht über seine Arbeit; die Beurteilung erfolgt anhand eindeutiger, messbarer Kriterien; die Konsequenzen werden sofort gezogen, sodass die Wirkung des Feedbacks umso stärker ist.

Ein anderer Mitarbeiter, der reifer und kompetenter ist, kann eine Win-win-Vereinbarung eingehen, die umfassendere und längerfristige Ziele enthält. Er benötigt weniger Leitlinien, vor allem, was Verfahren und Vorhaben angeht. Die Ressourcen müssen zwar definiert, aber nicht bis ins letzte Detail geregelt werden; er kann seine Berichte in größeren Abständen vorlegen; seine Leistungen werden auch nach subjektiver Urteilskraft überprüft; und psychologische Belohnungen sind einmalig gewährten Anerkennungen vorzuziehen.

Betriebsinterne Gegebenheiten können die Erfüllung von Win-win-Vereinbarungen sehr erleichtern. Dazu gehören die strategische Planung, die Unternehmensstruktur und die Arbeitsgestaltung sowie Kommunikation, Budgetierung, Entlohnung, Informationssysteme, Personalauswahl und -einsatz, Training und Weiterbildung. Die Mitarbeiter sehen es außerdem immer als hilfreich an, wenn sie direkte Rückmeldungen erhalten, damit sie notwendige Korrekturen frühzeitig vornehmen können.

Dabei darf nie der zentrale Gedanke des Win-win-Konzepts vergessen werden: Es darf keine Verlierer geben. Besonders im Hinblick auf das Entlohnungssystem wäre das fatal. Das Management darf nicht über Win-win-Vereinbarungen reden, gleichzeitig aber Mitarbeiter belohnen, die in den Kategorien Sieg oder Niederlage denken. Ebenso gut könnte man einer Pflanze »Wachse, wachse!« zuflüstern, dann aber die danebenstehende gießen.

Sämtliche Systeme innerhalb des Unternehmens müssen dem Win-win-Prinzip Rechnung tragen. Es sollte sich in der Personalentwicklung und bei der Entlohnung, in der Arbeitsgestaltung, in der Unternehmensstruktur, in der strategischen Planung, bei der Festlegung des Unternehmensleitbildes sowie in allen taktischen Aktivitäten spiegeln.

Leistungsbeurteilung nach dem Win-win-Konzept

Im Rahmen einer Win-win-Vereinbarung beurteilen die Mitarbeiter sich selbst. Da sie genau wissen, was von ihnen erwartet wird und welchen Kriterien ihre Leistung genügen muss, haben sie die besten Voraussetzungen dafür, sich selbst zu beurteilen.

Nach der herkömmlichen Methode werden Mitarbeiter nach Ablauf eines festgelegten Zeitraums von ihrem Vorgesetzten beurteilt, der zu diesem Zweck auf mehr oder weniger subjektive Kriterien zurückgreift. Dabei läuft er natürlich Gefahr, den Beurteilten zu enttäuschen oder zu verletzen. Um das zu verhindern, verfasst er eine möglichst vage und unverbindliche Beurteilung. Wenn Anforderungen und Pflichten nicht von vornherein klar umrissen sind, können Leistungsbeurteilungen deshalb schwierig, peinlich und manchmal sogar verletzend sein.

Der Manager muss die Rolle des Helfers und nicht des Richters einnehmen. Er kann sich als Teil der Ressourcen in der Win-win-Vereinbarung sehen. Wenn seine Mitarbeiter neue Aufgaben und Verantwortungsbereiche übernehmen, steht er ihnen zur Seite, oder er berät sie in Fragen der Weiterbildung oder Karriereplanung. Er beteiligt seine Mitarbeiter an der Entwicklung der Win-win-Vereinbarung und ermutigt sie zur Selbstbeurteilung, weil er weiß, dass niemand ihre Leistungen besser kennt als sie selbst.

In einem solchen Rahmen ist auch Platz für Veränderungen. Wenn sich neue Entwicklungen ergeben oder die Umstände sich verändern, kann ein flexibler Manager die Vereinbarung überdenken und neu formulieren.

Kompetenz und Charakter

Die oben beschriebenen vier Voraussetzungen können nur wirksam werden, wenn zwei weitere Bereiche optimal abgedeckt sind: Kompetenz und Charakter. Der Charakter ist definiert als das, was ein Mensch ist; seine Kompetenz umfasst das, was er kann. Ohne Charakter und Kompetenz können die anderen vier Voraussetzungen nicht erfüllt werden. An ihnen entscheidet sich letztendlich, ob vertrauensvolle Beziehungen und Win-win-Vereinbarungen entwickelt werden können, ob das System der Hilfe und Unterstützung funktioniert und ob die Kontrolle und Beurteilung durch die Mitarbeiter selbst zum Erfolg führt.

In einer Kultur, in der wenig Vertrauen herrscht, ist es schwierig, gute Win-win-Vereinbarungen zu treffen oder den Beschäftigten mehr Freiräume zu geben. Stattdessen sind Kontrollsysteme und externe Beurteilungsverfahren notwendig. Die vier besprochenen Bedingungen können nur in einem Klima des Vertrauens entstehen. Auf dieser Grundlage kann dann die Win-win-Vereinbarung ausgearbeitet werden, aus der sich die anderen Bedingungen beinahe wie von selbst ergeben.

Die folgenden Charaktereigenschaften spielen eine wichtige Rolle in Win-win-Vereinbarungen. Integrität: Werte werden gelebt, auf Worte folgen

Grafik 8: Die sechs Merkmale des Empowerment

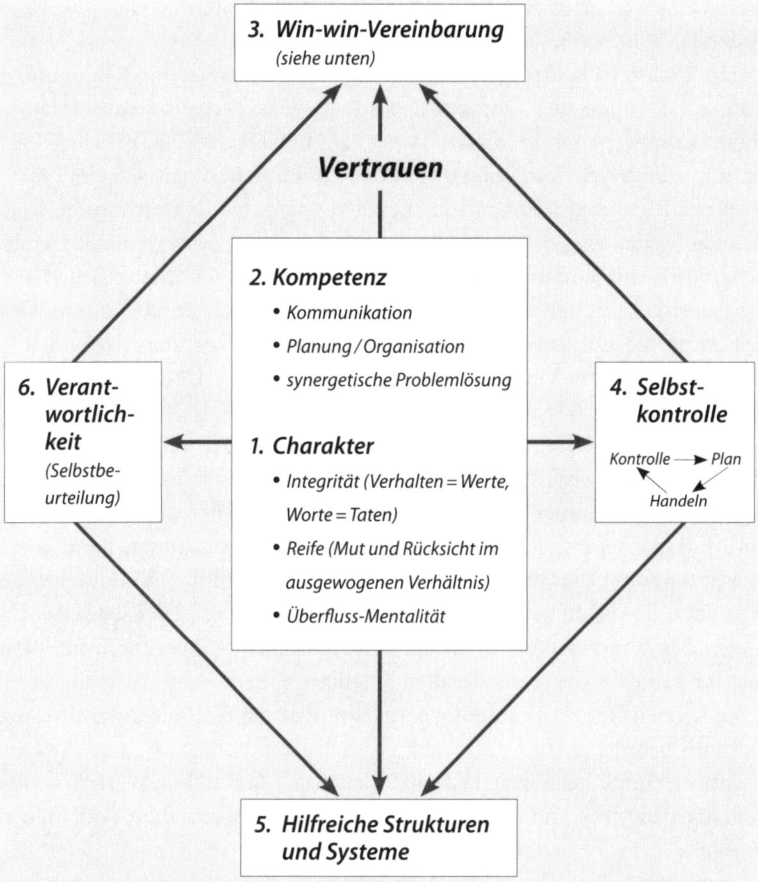

Win-win-Vereinbarung – Psychologischer / sozialer Vertrag: Klare gegenseitig definierte Verpflichtungen und Erwartungen:

1. *Angestrebte Ergebnisse: Überlappung von Unternehmensleitbild / Strategie / Zielen / Arbeitsgestaltung und Werten / Zielen / Bedürfnissen des Mitarbeiters – einschließlich Zeitvorgaben*
2. *Richtlinien: Politik, Grenzen, Initiative und wenige nötige Verfahrensvorgaben*
3. *Ressourcen: Personal, Budget, Struktur, System*
4. *Verantwortlichkeit: Leistungsniveau, Intervalle für Berichte etc.*
5. *Konsequenzen: auf persönlicher und Unternehmensebene – finanzielle und psychologische (Aufstiegschancen, Prämien, Verantwortungsbereich etc.)*

Taten, Gefühle werden aufrichtig geäußert; Reife: Mut gepaart mit Rücksichtnahme; und die Überfluss-Mentalität: Es ist genug für alle da. Mit diesen Eigenschaften kann man sich über den Erfolg und die Leistungen anderer Menschen uneingeschränkt freuen.

Die drei entscheidenden Fähigkeiten sind diejenigen zur Kommunikation, zur Planung und Organisation sowie zur synergetischen Problemlösung. Kompetenzen in diesen Bereichen befähigen eine Führungskraft dazu, die anderen vier Bedingungen der Effektivität zu entwickeln.

Wenn Menschen kein einheitliches Bild von sich selbst vermitteln, wenn sie eine Sache sagen, – aber die andere praktizieren, oder wenn sie freundliche Worte mit jemandem wechseln, dann aber hinter seinem Rücken über ihn herziehen, findet eine subtile, aber umso vielsagendere Kommunikation statt. Sie unterminiert jedes Vertrauen und führt unausweichlich zu Gewinner-Verlierer-Vereinbarungen, die eine externe Überwachung, Kontrolle und Bewertung erfordern.

Diese sechs Bedingungen sind so eng miteinander verknüpft, dass sie sich gegenseitig beeinflussen. Nehmen Sie etwa das Persönlichkeitsmerkmal der Reife, das hier als »Mut gepaart mit Rücksicht« definiert ist. Wenn ein Manager sehr viel Mut hat, aber keine Rücksicht nimmt, kann er seinen Standpunkt klar zum Ausdruck bringen, aber zum Zuhören fehlt ihm wirkliches Einfühlungsvermögen. Damit verhindert er gleichzeitig das Gelingen der Win-win-Vereinbarung. Er setzt seinen Willen durch im Glauben, er tue dies im Interesse aller Beteiligten. Er hält es nicht für nötig, seine Mitarbeiter dazu aufzufordern, ihre wahren Gefühle auszudrücken. Deshalb gelingt es ihm auch nicht, sie von innen heraus zu motivieren, sodass er immer ausgefeiltere Kontrollsysteme, Beurteilungsverfahren und Gehaltsstrukturen anwenden muss, um sie zum gewünschten Verhalten zu bringen.

Der umgekehrte Fall – kein Mut, aber viel Rücksichtnahme – trifft oft dann ein, wenn jemand ein ausgeprägtes Bedürfnis hat, angenommen zu werden und beliebt zu sein. Auch ein solcher Manager wird wahrscheinlich eine psychologische Gewinner-Verlierer-Vereinbarung schließen, die letztendlich das Vertrauen unterminiert. Häufig begünstigen solche Vereinbarungen die Entstehung einer permissiven Kultur in unterschiedlicher Ausprägung. Letztendlich führt dies ein Unternehmen ins Chaos. Die Mitarbeiter wählen die bequemste Lösung und schieben die Verantwortung für schlechte Leistungen oder Ergebnisse von sich, oder sie fangen an, überzogene Forderungen zu stellen. Das verstärkt den Druck auf das Management, noch mehr Kontrolle auszuüben, weil es ums Überleben kämpft und noch einen Anschein von Ordnung aufrechterhalten will. Anarchie legt bekanntermaßen den Keim für Diktaturen.

Ergebnisse

Um die Auswirkungen von Win-win-Vereinbarungen auf die Effektivität von Unternehmen zu illustrieren, will ich eine Erfahrung beschreiben, die ich als Mitglied eines Beraterteams gemacht habe. Wir wurden von einer großen Bank, die Hunderte von Filialen hatte, beauftragt, Möglichkeiten zur Verbesserung der Unternehmensstruktur aufzuzeigen. Die Bank hatte eine dreiviertel Million Dollar bereitgestellt, um den Führungsnachwuchs durch ein sechsmonatiges Trainingsprogramm zu schleusen.

Das Programm war für Hochschulabgänger bestimmt, die eine Reihe von Aufgabenfeldern kennen lernen und im Zwei-Wochen-Rhythmus die Abteilungen durchlaufen sollten. Nach sechs Monaten sollten sie dann einer Filiale zugewiesen werden und dort eine geeignete Führungsposition besetzen. Die Geschäftsleitung beauftragte uns damit, das gesamte Programm zu analysieren und zu verbessern.

Unser erster Schritt bestand darin, die Frage nach den Zielen zu stellen. Wir wollten herausfinden, ob die für die Planung verantwortlichen Manager eigentlich wussten, welche Anforderungen ihr Programm im Einzelnen erfüllen sollte. Dies war nicht der Fall. Wir stellten fest, dass sie sehr allgemeine, vage Erwartungen stellten und dass die Topmanager der Bank sich nicht über die Ziele und Prioritäten des Programms einig waren.

Wir bestanden darauf, dass sie gemeinsam formulierten, welche Fähigkeiten die Trainees nach Ablauf des Trainings haben mussten, um die ihnen zugedachten Nachwuchspositionen übernehmen zu können. Die Manager nannten etwa vierzig Ziele.

Der nächste Schritt bestand nun darin, den Trainees diese Ziele zu vermitteln. Die angehenden Führungskräfte waren außergewöhnlich motiviert, weil man ihnen die Chance bot, schnell in eine Führungsposition zu gelangen. Deshalb waren sie uneingeschränkt bereit, die formulierten Ziele zu verinnerlichen und alles, was in ihren Kräften stand, zu tun, um sie zu erreichen.

Sie wussten also, was man von ihnen erwartete und nach welchen Kriterien sie beurteilt wurden. Sie wussten, welche Ressourcen ihnen zur Verfügung standen, von der Fachliteratur über Besuche bei Abteilungsleitern bis hin zu externen Lehrinstituten. Nicht zuletzt war ihnen klar, dass eine Führungsposition winkte, sobald sie ihre Kompetenz in den vierzig Bereichen unter Beweis gestellt hatten.

Tatsächlich erwiesen sich die Trainees als so motiviert, dass sie die Ziele in durchschnittlich dreieinhalb Wochen erreichten.

Dies versetzte die meisten Manager in Erstaunen. Manche konnten es kaum glauben. Sie überprüften die Ziele und Kriterien und kontrollierten die Ergebnisse, um sich zu vergewissern, dass die Trainees auch wirklich alle Anforderungen erfüllten. Einige meinten, dass dreieinhalb Wochen einfach nicht ausreichen könnten, um die Trainees auf verantwortungsvolle Aufgaben vorzubereiten.

Schließlich erklärten wir uns damit einverstanden, sechs weitere Ziele festzulegen, um unseren Erfolg noch eindeutiger unter Beweis zu stellen. Die Manager stimmten uns zu, dass die Trainees eine bessere Ausbildung als alle anderen erhalten hätten, wenn sie auch diese zusätzlichen Anforderungen erfüllen könnten.

Wir informierten die Trainees über die sechs neuen Ziele. Mittlerweile hatten sie schon ein Stadium erreicht, in dem sie sich selbst überwachen durften. Sie entwickelten beachtliche Energien und Fähigkeiten und erfüllten die neuen Kriterien fast ausnahmslos innerhalb einer Woche.

Mit anderen Worten: Dank der Win-win-Vereinbarung konnte das Sechsmonatsprogramm bei besseren Ergebnissen auf nur fünf Wochen reduziert werden.

Die positiven Effekte von Win-win-Vereinbarungen gelten nicht nur für den Trainingssektor, sondern auch für viele andere Managementbereiche. Diese Erfahrung machten auch viele Manager der Bank. Andere jedoch taten sich schwer damit, weil sie fanden, dass man sich eine Beförderung nicht in so kurzer Zeit verdienen könne. An den Ergebnissen, die wir erzielt hatten, war jedoch nichts zu rütteln.

Letztendlich aber geht es um nichts anderes bei Win-win-Vereinbarungen: Es sollen Ergebnisse erzielt werden.

Der Managerbrief

Der Unternehmensberater Peter Drucker entwickelte vor vielen Jahren den Managerbrief. Er schlug vor, dass die Mitarbeiter die Ergebnisse, die sie erreichen wollten, Richtlinien, Ressourcen, Verantwortlichkeit und Konsequenzen schriftlich formulieren und ihrem Vorgesetzten vorlegen sollten.

Ich arbeite nun schon seit Jahren mit diesem Konzept. Ich habe es in Beratungen und Trainings ebenso eingesetzt wie beim Aufbau und der Führung meines eigenen Unternehmens, in der Arbeit mit den Studenten der Brigham Young University ebenso wie in meiner Familie. Ich bin fest davon überzeugt, dass wir die sechs Bedingungen der Effektivität erfüllen müssen, wenn wir wirklich mehr Produktivität wollen.

Ich weiß, dass das nicht einfach ist. Der vor uns liegende Weg erfordert Zeit und Geduld – wir können keine Blumen ausreißen, um zu sehen, ob ihre Wurzeln wachsen. Win-win-Vereinbarungen lassen sich nicht über Nacht schließen. Ihre Ausarbeitung erfordert Reife, Disziplin, Beständigkeit und Kraft. Aus meiner eigenen Erfahrung weiß ich, dass Defizite sich sofort negativ niederschlagen.

Wir haben aber die Möglichkeit, mit kleinen Dingen anzufangen und kleine Erfolge zu erzielen, bis unser Vertrauen in das Gesamtkonzept allmählich wächst. Dann können wir größere Verantwortungsbereiche in Angriff nehmen. Wenn Ihre Mitarbeiter die Mühe scheuen, die Elemente einer Win-win-Vereinbarung schriftlich festzuhalten, könnten Sie das selbst übernehmen und sich danach vergewissern, ob sie Ihre Sicht teilen. Zumindest jedoch sollten Sie gewährleisten, dass die wichtigsten Voraussetzungen mündlich geklärt werden. Treffen Sie auch Vorkehrungen für den Fall, dass Veränderungen eintreten.

Auch Einstellungen sind wichtig. Grundsätzlich fragt der Manager: »Wohin gehen wir?«, »Wohin möchten Sie gehen?« oder »Was sind Ihre Ziele, und wie kann ich Ihnen helfen?«

Ich selbst habe diese Führungseinstellung vor vielen Jahren durch einen Manager kennen gelernt, der die Aufgabe hatte, mich einzuarbeiten. Sein Benehmen vermittelte unaufhörlich: »Was möchten Sie erreichen, und wie kann ich Ihnen dabei behilflich sein?« Seine Aufrichtigkeit und sein Glaube an mein Potenzial haben mir Kraft gegeben, meine Fähigkeiten zu entdecken und sinnvoll zu nutzen. Ich wusste, dass er jederzeit für mich da war.

Ich bin auch zu der Überzeugung gelangt, dass das Bild, das wir uns von einem Menschen machen, irgendwann zur Realität wird. Wir bemühen uns um Beweise, die unsere Ansicht untermauern sollen. Ebenso verhält es sich mit dem umfassenden Menschenbild: Wir entdecken immer wieder neue Beweise für seine Richtigkeit, bis wir uns seiner völlig sicher sind.

Kapitel 15

Das Management von Erwartungen

Wir alle haben bestimmte Erwartungen im Hinterkopf, wenn wir in eine neue Firma eintreten, eine Beziehung beginnen oder vor anderen unbekannten Situationen stehen. Zu den Hauptursachen für zwischenmenschliche Schwierigkeiten in Familien und Unternehmen gehören vage, zweideutige oder unerfüllte Erwartungen. Widerstreitende Erwartungen über Rollen und Ziele können Konflikte schüren und Beziehungen schwer belasten.

Widerstreitende Erwartungen

Widerstreitende Erwartungen können in folgenden Bereichen zu Problemen führen:

- *Unternehmensfusionen.* Roger Smith bei General Motors und Ross Perot bei Electronic Data Systems mussten die schmerzhafte Erfahrung machen, dass ihre unterschiedlichen Unternehmenskulturen sich nicht so einfach unter einen Hut bringen ließen, wie sie gedacht hatten. Ross Perot, der sein Unternehmen an General Motors verkaufte, machte sich im Vorstand des Konzerns voller Elan an die Aufgabe, die Führungsebenen auszudünnen und Privilegien der Führungskräfte abzuschaffen. Dabei war er sich jedoch offensichtlich nicht bewusst, dass bestimmte Merkmale der Unternehmenskultur von General Motors so verwurzelt waren, dass sie sich nicht einfach über Nacht beseitigen ließen. Veränderungen lassen sich nun einmal nicht übers Knie brechen, auch nicht mit Beraterhilfe. Sie müssen mit viel Geschick und Kommunikationstalent herbeigeführt werden. Leider misslingt die Kommunikation oft gerade im Bereich der Unternehmensfusionen, weil die Beteiligten nicht aufeinander eingehen. Die Spielregeln verlangen, dass sie ihre Interessen um jeden Preis verteidigen, weil sie sonst als Verlierer dastünden.

- *Ehe.* Früher war es nicht üblich, Erwartungen an Ehe und Partnerschaft und die daraus entstehenden Probleme so offen wie heute zur Sprache zu bringen. Trotzdem sind die Rollenverhältnisse noch lange nicht ausdiskutiert. Wenn etwa ein junger Mann aus konservativer Familie in der Ehe stillschweigend erwartet: »Ich verdiene die Brötchen, und du ziehst die Kinder auf«, kann es ein böses Erwachen geben. Junge wie alte Paare kämpfen mit gegensätzlichen Rollenerwartungen. Viele Frauen wollen auf eine berufliche Karriere nicht verzichten, was in einer Gesellschaft, die für Hausfrauen wenig Anerkennung und Bestärkung übrig hat, kaum verwundert.

- *Schulbildung.* Jede Interessengruppe sieht die Frage der Erziehung nur durch ihre Brille, jede setzt andere Prioritäten und schlägt andere Lösungen vor. Beispielsweise wird immer häufiger die Frage diskutiert, ob Schulen auch eine charakterliche Erziehung anbieten sollten, weil dies mit dem zunehmenden Zerfall der alten Familienstrukturen immer dringlicher werde.

- *Eltern-Kind-Beziehungen.* Unterschiedliche Erwartungen von Eltern und Kindern prallen besonders heftig in der Pubertät aufeinander. Die beiden Seiten haben unterschiedliche Vorstellungen über ihre Rollen, die sich im Laufe der Zeit und mit zunehmender Reife auch verändern können.

- *Beziehungen zum Staat.* Hat der Staat die Aufgabe, Gutes zu tun, oder ist es seine Aufgabe, die Menschen davon abzuhalten, Schlechtes zu tun? Die Beantwortung dieser Frage kann sich bis ins Berufsleben auswirken und zu Konflikten, Enttäuschung und Verbitterung führen.

- *Einstellung und Beförderung.* Neue Mitarbeiter und ihre Arbeitgeber haben allzu oft unterschiedliche Erwartungen. Während der Probezeit bestehen noch gute Chancen, sich darüber klar zu werden und eventuell Veränderungen auszuhandeln. In dieser Zeit sind alle Beteiligten noch offen und gesprächsbereit.

Die Ungerechtigkeit eines Systems zeigt sich am deutlichsten an Entscheidungen über Einstellungen und Beförderungen. Wenn das Gehalt eines neuen Mitarbeiters höher als das seiner Kollegen ausfällt, fragen diese natürlich: »Warum bekommt er mehr? Ich arbeite doch schon viel länger hier!« Die verantwortlichen Manager müssen sich über die Konsequenzen eines solchen Konflikts klar sein: Das Vertrauen schwindet, die Mitarbeiter fangen an, ihre Energie in andere Tätigkeiten als die Arbeit zu stecken, und sie werden zu Nörglern und Pessimisten.

- *Abteilungsübergreifende Projekte.* Mit widerstreitenden Erwartungen ist immer dann zu rechnen, wenn Mitglieder verschiedener Abteilungen aufeinandertreffen, etwa bei der Arbeit in gemeinsamen Projekten. Es lässt sich nicht vermeiden, dass viele dieser Erwartungen unerfüllt bleiben.
- *Kundenbeziehungen.* Erfahrene Manager in Produktions- und Dienstleistungsunternehmen wissen, wie schwierig es ist, Kunden zu betreuen, die mehr erwarten, als das Unternehmen bieten kann. Sie nutzen deshalb Kundeninformationssysteme und versuchen, sich mit ihrer Hilfe so früh wie möglich auf neue Erwartungen einzustellen.

  Sie versuchen, sich in ihre Kunden einzufühlen: »Was denken sie?«, »Was erwarten sie von uns?«, »Welchen Service erwarten sie nach dem Geschäftsabschluss?«, »Welche Art von sozialer Beziehung wünschen sie sich?« Wenn diesem Prozess keine Aufmerksamkeit geschenkt wird, sind die Kunden enttäuscht und desillusioniert, und irgendwann gehen sie zur Konkurrenz.
- *Konflikte in den Innen- und Außenbeziehungen des Unternehmens.* Am Erfolg eines Unternehmens sind die unterschiedlichsten Gruppen beteiligt: Angestellte, Zulieferer, Kunden, Aktionäre, die Öffentlichkeit und andere. Jede Gruppe hat ihre eigenen Interessen, und die daraus resultierenden Konflikte können ein Unternehmen gefährden und zu Fehlentscheidungen veranlassen.

Das Problem: Unausgesprochene Erwartungen

Erwartungen sind Hoffnungen und Wünsche, die wir für unsere Ehe, die Familie oder das Berufsleben haben. Sie sind unter anderem auch das Produkt früherer Erfahrungen und vorangegangener Beziehungen. Sie beruhen nicht in jedem Fall auf der Realität, sie können aus den Medien aufgegriffen werden oder der Fantasie entspringen.

Erwartung und Realität sind zwei Paar Schuhe. Eine Erwartungshaltung meint eher einen »Soll«- denn einen »Ist«-Zustand. Trotzdem sind viele Menschen überzeugt, dass das gerade bei ihnen nicht der Fall ist: »Meine Sichtweise stimmt – deine ist falsch.«

Unausgesprochene Erwartungen – implizite Bedürfnisse und Wünsche – spielen auch eine Rolle, wenn wir eine Beziehung eingehen, in einem Unternehmen arbeiten oder als Kunden auftreten. Im Geschäft erwarten wir stillschweigend eine höfliche und kompetente Bedienung. Wenn diese Erwartung nicht erfüllt wird, gehen wir zur Konkurrenz und hoffen, dass man dort kundenorientierter ist und besser auf unsere Wünsche und Bedürfnisse eingeht.

Erfahrene Manager achten darauf, ihren Standort nach außen hin klar zu bestimmen. Sie machen deutlich, was der Kunde von ihnen erwarten kann, damit dieser die Möglichkeit hat zu sagen: »Das verstehe ich, und damit bin ich einverstanden« oder: »An diesem Punkt stimme ich Ihnen zu, aber in jenem schlage ich vor, dass meine Wünsche auf andere Art und Weise berücksichtigt werden.« Sie legen ihre Ziele, ihre Ressourcen und deren Verwendungsmöglichkeiten offen dar.

Die Lösung: Die Leistungsvereinbarung

Die Lösung für das Problem der gegensätzlichen Erwartungen liegt im Instrument der Leistungsvereinbarung. Sie bietet Vorgesetzten und Mitarbeitern einen denkbar günstigen Rahmen, um Erwartungen zu formulieren und sie gegebenenfalls aufeinander abzustimmen.

Leistungsvereinbarungen werden getroffen, um Erwartungen über Rollen und Ziele für beide Seiten befriedigend zu klären. Wenn es dem Management gelingt, mit Mitarbeitern und Mitarbeiterteams eine Leistungsvereinbarung zu treffen, hat es schon viele seiner Probleme gelöst.

Die Beteiligten bauen gegenseitiges Vertrauen auf, hören einander zu, reagieren spontan und aufrichtig, lösen Probleme synergetisch und lernen vom anderen, kurz: Sie streben eine Win-win-Vereinbarung an. All dies ist möglich, weil die zugrundeliegenden Erwartungen ausgesprochen und aufeinander abgestimmt wurden.

Eine Leistungsvereinbarung hat drei Bestandteile: das Fundament, bestehend aus Vertrauen und Kommunikation, einen Inhalt, bestehend aus fünf Elementen, sowie ein System, das ihre Durchführung unterstützt.

- *Vertrauen.* Jeder Mitarbeiter hat insgeheim viele Erwartungen, die er aber nur dann äußert, wenn er sich sicher genug fühlt: Er benötigt ein Klima des Vertrauens. Vertrauen ist eine Voraussetzung für jede gute

Leistungsvereinbarung und verlangt Glaubwürdigkeit: Ihre Mitarbeiter müssen wissen, dass Sie ihre Leistungen würdigen.

Wo jedoch das Vertrauen unterminiert und damit auch jeder Respekt verspielt wurde, ist es schwierig, Leistungsvereinbarungen nach dem Win-win-Prinzip zu erarbeiten – die Basis fehlt. Unternehmen oder Abteilungen haben aber immer die Möglichkeit, wieder von vorne anzufangen, allmählich neues Vertrauen zu schaffen und in kleinen Schritten auf Vereinbarungen hinzuarbeiten. Selbst wenn am Anfang nur ein Kompromiss steht – beim nächsten Mal können Sie schon eine Stufe weitergehen und synergetische Lösungen erarbeiten.

Die Leistungsvereinbarung sollte immer offen und verhandelbar bleiben, für jede Partei und zu jeder Zeit. Neue Entwicklungen können es erforderlich machen, dass der Kommunikationsprozess wieder in Gang gesetzt und die Vereinbarung verändert wird. Natürlich gibt es Prinzipien, über die sich nicht verhandeln lässt, doch die meisten Bestandteile der Vereinbarung können an neue Gegebenheiten angepasst werden.

- *Kommunikation.* Die zweite Voraussetzung ist die Kommunikation. Zu ihrer wichtigsten Funktion in diesem Zusammenhang gehört es, die Wirklichkeit zu überprüfen: »Ich wusste nicht, dass Sie das so empfunden haben. Sie haben also von mir erwartet, dass ich den ersten Schritt mache? Dann will ich Ihnen sagen, wie ich die Sache gesehen habe.«

  Es handelt sich dabei um eine horizontale Kommunikation zwischen Gleichberechtigten: »Ich habe auf Ihre Initiative gezählt. Ich habe doch darauf gewartet: Nachdem ich erfahren habe, wie Sie die Sache sehen, werde ich das nächste Mal genauere Anweisungen geben.«

  Ein solcher Dialog dient dazu, Erwartungen zu klären, die am Arbeitsplatz wichtig sind. Leider scheint es in manchen Unternehmen fast unerwünscht zu sein, über Erwartungen zu sprechen, auch wenn dies in informellen Gesprächen natürlich trotzdem geschieht: »Wie sieht es denn aus bei Ihnen? Womit sind Sie gerade befasst?«

  Ich empfehle einen Kommunikationsprozess, wie ihn Roger Fisher und William Ury in ihrem Buch *Das Harvard-Konzept* beschreiben. Auch sie betonen, wie wichtig es ist, dass Erwartungen explizit gemacht werden und Vereinbarungen beiden Seiten Vorteile bringen müssen. Dabei gelten vier grundlegende Gebote:

  – Trennen Sie zwischen Mensch und Problem.
  – Vertreten Sie Interessen, nicht Positionen.

– Suchen Sie Optionen, die beiden Seiten nutzen.
– Bestehen Sie auf objektiven Kriterien.

Der Verhandlungsprozess nach dem Win-win-Prinzip erfordert Einfühlungsvermögen und die Fähigkeit, zuerst den anderen zu verstehen und sich selbst einmal zurückzunehmen. Jeder Mensch hat Fragen und Probleme, die ihm auf den Nägeln brennen und den Wunsch in ihm zu wecken, zuerst verstanden zu werden.

Die Interessen eines anderen zu respektieren bedeutet, dass Sie herausfinden müssen, wo seine Wünsche und Bedürfnisse liegen, was seiner Entwicklung und seinem Glück dient. Sie können nicht davon ausgehen, dass Sie wissen, was am besten für ihn ist. Nutzen Sie stattdessen Ihr Einfühlungsvermögen, und treffen Sie auf der Grundlage Ihrer Erkenntnisse eine sinnvolle Vereinbarung.

Auch die Teamentwicklung schlägt fehl, wenn Erwartungen über Rollen und Ziele nicht geklärt werden. Schließlich müssen verschiedene Gruppen unter einen Hut gebracht werden – Verkäufer, Mitarbeiter aus der Produktion, Einkäufer und viele andere mehr. Sie benötigen eine unbelastete Atmosphäre, um ihre Erwartungen über Rollen und Ziele offen diskutieren zu können.

Solche Interaktionen führen oft zu verblüffenden Ergebnissen. Oft hört man: »Das wusste ich nicht. Ich dachte, Sie hätten das anders gemeint. Kein Wunder, dass Sie diesen Eindruck gewonnen haben!«

Ein solcher Prozess hat geradezu therapeutische Wirkung und befreit die Beteiligten von unnötigem Druck: »Endlich ist das auf dem Tisch.« Erst wenn wir unsere unterschiedlichen Positionen kennen, können wir anfangen zu verhandeln.

Grundsätze für die Leistungsvereinbarung nach dem Win-win-Prinzip

Bei Leistungsvereinbarungen nach dem Win-win-Prinzip sind folgende Grundsätze zu beachten:

- *Machen Sie deutlich, welche Resultate Sie erwarten, aber überlassen Sie die Wahl der Mittel dem Ausführenden.* Andernfalls verzetteln Sie sich in Details, und Ihr Einflussbereich schrumpft.

- *Seien Sie standhaft, was die allgemeinen Richtlinien angeht, aber flexibel bei deren Umsetzung.* Veränderte Umstände können schließlich nur mit Flexibilität und Eigeninitiative gemeistert werden.
- *Informieren Sie Ihre Mitarbeiter über alle verfügbaren Ressourcen* im Unternehmen und über externe Hilfsmöglichkeiten.
- *Erarbeiten Sie Maßstäbe und Leistungskriterien* immer gemeinsam mit Ihren Mitarbeitern.
- *Nutzen Sie Ihre Urteilskraft,* die es Ihnen besser als die sogenannten objektiven oder quantitativen Bewertungsverfahren ermöglicht, Leistungen zu bewerten.
- *Machen Sie deutlich, welche positiven und negativen Konsequenzen zu erwarten sind,* wenn die vereinbarten Ziele erreicht oder verfehlt werden.
- *Achten Sie darauf, dass die Leistungsvereinbarung durch die Strukturen und Systeme des Unternehmens unterstützt wird,* damit sie dauerhaften Bestand hat.

Von der Kontrolle zum Freiraum

Eine Leistungsvereinbarung nach dem Win-win-Prinzip ist viel mehr als nur eine Arbeitsplatzbeschreibung. Die meisten Unternehmen verfügen über Arbeitsplatzbeschreibungen, in denen festgelegt wird, welche Aufgaben zu einer Stelle gehören und welchen Anforderungen der Mitarbeiter genügen muss. Die meisten dieser Beschreibungen sind eindeutig formuliert. Die Leistungsvereinbarung jedoch geht weit darüber hinaus. Sie integriert Erwartungen in einen Win-win-Vertrag, der auf Synergie beruht.

Kaum eine der üblichen Arbeitsplatzbeschreibungen behandelt die Frage, inwieweit auch der Mitarbeiter von ihr profitiert. Er hat einzig den Vorteil einer festen Stelle und eines geregelten Einkommens. Weitere Bedürfnisse werden in einer Arbeitsplatzbeschreibung nicht behandelt – weder psychische noch intellektuelle noch soziale.

Im Zentrum einer Arbeitsplatzbeschreibung stehen meist Methoden und Kontrollverfahren. Eine Leistungsvereinbarung dagegen versetzt die Mitarbeiter im Idealfall in die Lage, Eigenkontrolle auszuüben. Dies wird möglich, wenn sie von der Bedeutung ihrer Ziele so überzeugt sind, dass sie sagen: »Ich verstehe, was von mir erwartet wird, und ich werde mich nach Kräften bemühen, meine Aufgabe zu erfüllen, weil auch ich davon profitiere.«

Der Schwerpunkt im Management liegt also nicht darauf, mehr Kontrolle zu gewinnen, sondern mehr Freiräume zu schaffen. Der Grund, warum die meisten Unternehmen solche Freiräume nicht gewähren, liegt darin, dass keine Leistungsvereinbarungen nach dem Win-win-Prinzip getroffen werden.

In einem Unternehmen, in dem es nicht üblich ist, über Erwartungen im Rahmen von Leistungsvereinbarungen zu sprechen, können zwar auch einzelne Manager die Initiative ergreifen. Sie müssen sich aber der Tatsache bewusst sein, dass sie nicht einfach eine beliebige Leistungsvereinbarung ausarbeiten können. Schließlich geht in eine Leistungsvereinbarung immer die gesamte Kultur des Unternehmens ein.

Ein guter Manager würde deshalb sagen: »Wir müssen uns klarmachen, was für eine Kultur wir haben, wo wir stehen und wie der herrschende Wille aussieht.« Ein sozialer Vertrag ist wirkungsvoller als ein psychologischer Vertrag, wobei die Kultur letztendlich nichts weiter als die Summe einzelner sozialer Verträge ist. Was wir »gemeinsame Werte« nennen, ist lediglich der Ausdruck stillschweigend akzeptierter Normen: »Bei uns ist das so üblich.«

Der Abschluss von Leistungsvereinbarungen, in welche die Erwartungen aller Beteiligten eingehen, gehört jedenfalls zu den Dingen, von denen man immer sagen sollte: »Das ist bei uns so üblich.«

Kapitel 16

Die Menschen in Probleme einbeziehen

Der Schlüssel zur Umsetzung von Veränderungen und zur Steigerung des Engagements ist die Einbeziehung. Wir interessieren uns für gewöhnlich mehr für unsere eigenen Ideen als für die der anderen. Wenn wir uns nicht einbezogen fühlen, werden wir uns wahrscheinlich Veränderungen widersetzen. Aber bevor Sie beginnen, die Menschen in die Probleme Ihres Unternehmens einzubeziehen, sollten Sie möglicherweise einige neue Fähigkeiten erlernen. Ich will es Ihnen erklären.

Ich traf mich einmal mit einem älteren übergewichtigen Arzt zum Squashspielen. Er sagte mir, dass er in jüngeren Jahren sehr viel gespielt habe. Weil er jedoch so außer Form war, glaubte ich, er könne bestimmt nicht mit mir mithalten.

Aber ich sollte mich täuschen. Obwohl ich in weit besserer Form war und ernsthaft gewinnen wollte, hatte er mehr Schlagvarianten in seinem Repertoire – seine besseren technischen Fähigkeiten glichen seine Konditionsschwäche aus. Ich gewann das erste Spiel mit großer Mühe, und er entschied die nächsten beiden Spiele eindeutig für sich.

Ich sagte mir immer wieder: »Wenn ich gewinnen will, muss ich etwas ändern.« Aber aus irgendeinem Grund klappte es nicht. Er ließ mich wie eine Marionette auf dem Spielfeld hin- und herlaufen. Ich versuchte, den Spieß umzukehren und meine Schläge gezielter zu platzieren. Ich versuchte, aggressiver zu spielen, aber dazu fehlten mir das technische Repertoire und das Können. Ich versuchte, die Situation objektiv zu beurteilen und einige Anpassungen vorzunehmen. Nichts schien zu helfen.

Das Management-Dilemma

Manchmal befinden sich Manager im Geschäftsleben in einem ähnlichen Dilemma. Sie spüren, dass sie bessere Leistungen bringen sollten, fühlen sich aber machtlos, wenn es um die erforderlichen Veränderungen geht. Es ist nicht einfach, Veränderungen bei Menschen und Unternehmen vorzunehmen. Es geht dabei um Antriebskräfte, Einstellungen, Fähigkeiten, Wahrnehmungen und etablierte Muster. Die Menschen neigen dazu, sich an alte Ansichten, alte Methoden, alte Gewohnheiten zu klammern, und diese sind schwer zu ändern.

Es erfordert sehr viel Engagement, eine Gewohnheit abzulegen oder anzunehmen. Engagement wiederum ergibt sich nur, wenn man die Menschen einbezogen werden. Das Engagement wirkt als Katalysator im Veränderungsprozess.

Die Kehrseite der Einbeziehung ist natürlich das Risiko. Immer wenn Sie andere Menschen in die Lösung eines Problems einbeziehen, gehen Sie das Risiko des Kontrollverlustes ein. Da scheint es in vielen Fällen leichter, einfacher und sicherer – und effizienter –, andere nicht einzubeziehen, sondern ihnen Anweisungen zu erteilen und sie in die gewünschte Richtung zu lenken.

In seinem Buch *Managing* schreibt der ehemalige Präsident von ITT, Harold Geneen: »Die meisten Unternehmensleiter übernehmen einen autoritären Führungsstil, ohne sich dessen überhaupt bewusst zu sein. Sie gewöhnen sich Verhaltensweisen an, die sie eigentlich ablehnen, nur weil es vermeintlich einfacher und zeitsparender ist, autoritär zu sein.«

Die meisten autoritären Manager und Führungskräfte sind keine Tyrannen, sondern handeln in bester Absicht. Sie nutzen die Grundsätze der *menschlichen Beziehungen* voll aus, um das gewünschte Verhalten und die gewünschten Resultate zu bekommen.

Nach den Grundsätzen der menschlichen Ressourcen zu führen, bedeutet jedoch, sicheres Terrain zu verlassen. Menschen einzubeziehen ist eine Fahrkarte ins Abenteuer. Man kann am Anfang nie wissen, was geschehen wird oder wo es enden wird. Lohnt es sich, dieses Risiko einzugehen?

Geneen meint: »Zu den größten Fehlern im amerikanischen Management gehört es, dass es im Lauf der Jahre seine *Abenteuerlust* aufgegeben hat. Die Manager scheuen das Risiko, etwas zu tun, das vorher niemand getan hat. Dahinter steckt der Irrglaube, dass von Managern erwartet wird, niemals einen Fehler zu machen und sich keine Blößen zu geben.«

Die Manager stecken also in der Zwickmühle: Auf der einen Seite können sie durch einen autoritären Führungsstil sicher, einfach und effizient arbeiten, auf der anderen Seite eröffnet ihnen der Grundsatz der Einbeziehung die Chance auf eine weit höhere Effektivität, die aber auch mit höheren Risiken verbunden ist. Sie stehen also im Spannungsfeld zwischen dem Prinzip der *menschlichen Beziehungen* und dem Prinzip der *menschlichen Ressourcen.*

Qualität und Engagement

Eine effektive Entscheidung hat zwei Dimensionen: Qualität und Engagement. Wenn wir diese beiden Dimensionen messen und multiplizieren, können wir den Effektivitätsfaktor festlegen. Nehmen wir beispielsweise an, dass wir eine sehr gute Entscheidung treffen, die auf einer 10-Punkte-Skala eine 10 erzielt. Aus irgendeinem Grund ist das Engagement für diese Entscheidung jedoch niedrig und erzielt nur eine 2 auf der 10-Punkte-Skala. Somit liegt insgesamt eine relativ ineffektive Entscheidung vor (wenn wir 10 mit 2 multiplizieren, ergibt sich ein Effektivitätsfaktor von 20).

Nehmen wir nun an, dass wir die Qualität der Entscheidung etwas abschwächen (von 10 auf 7 Punkte), indem wir andere Menschen in den Entscheidungsprozess einbeziehen. Dafür können wir das Engagement steigern (von 2 auf 8 Punkte).

In diesem Fall liegt ein Effektivitätsfaktor von 56 vor (7 mal 8). Die Entscheidung ist also möglicherweise nicht mehr optimal, dafür aber dreimal effektiver!

Dennoch zögern gerade junge oder frisch in ihre Position beförderte Manager, Menschen in die Entscheidungsfindung einzubeziehen. Sie haben Angst, dass sie ihnen abweichende Optionen aufzeigen könnten, nur unnötige Verwirrung stiften oder sogar an ihrem Stuhl rütteln wollen.

Aber im Lauf der Zeit lernen die meisten Manager aus Erfahrung, dass die Effektivität ihrer Entscheidungen von den Faktoren Qualität und Engagement abhängt. Sie lernen, dass sich das Engagement aus der Einbeziehung ergibt. Sie sind bereit, die damit verbundenen Risiken einzugehen und die nötigen Fähigkeiten zu entwickeln, um Menschen angemessen einzubeziehen.

Triebkräfte und Bremskräfte

Der große Sozialwissenschaftler Kurt Lewin trug sehr viel zu unserem Verständnis von Veränderungsprozessen bei. In seiner Feldtheorie beschrieb er

Grafik 9: Triebkräfte und Bremskräfte

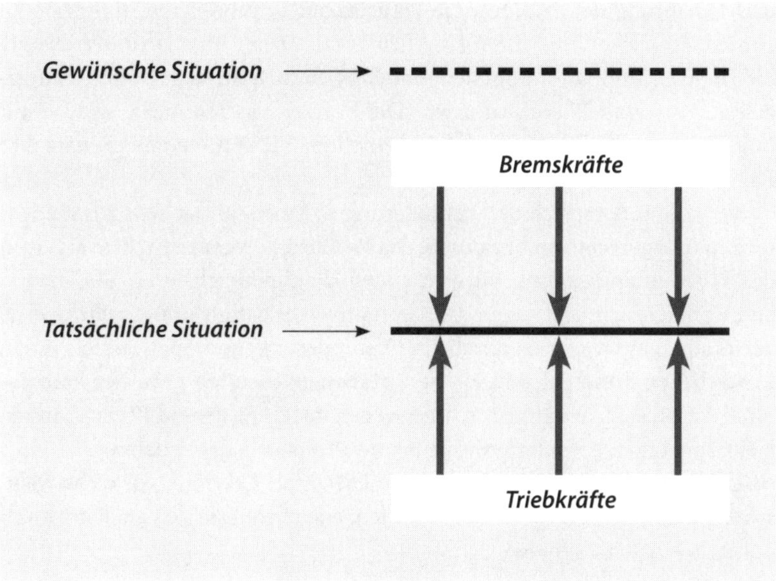

©FranklinCovey

vor etwa vierzig Jahren die Dynamik, die in einem Veränderungsprozess im Spiel ist (vgl. Diagramm).

Die untere Linie stellt das tatsächliche Leistungsniveau dar. Die gepunktete Linie darüber stellt das gewünschte Niveau oder das »Ziel« der Veränderungsbemühung dar. Die Pfeile, die nach unten auf die erste Linie zeigen, sind die »Bremskräfte« und die nach oben zeigenden Pfeile die »Triebkräfte«. Manchmal werden die Bremskräfte auch als »Widerstände« oder »entmutigende Faktoren« und die Triebkräfte als »ermutigende Faktoren« bezeichnet. Das tatsächliche Leistungsniveau oder Verhalten stellt das Gleichgewicht zwischen den Triebkräften und den Bremskräften dar.

Eine der frühesten und wichtigsten Studien von Lewin ging auf einen Auftrag der US-Regierung zurück. Lewin sollte Vorschläge dafür machen, wie die Einkaufs-, Koch- und Essgewohnheiten amerikanischer Hausfrauen im Zweiten Weltkrieg geändert werden könnten. Aufgrund der Kriegssituation wollte die Regierung die Frauen dazu bewegen, mehr Innereien anstelle von Rindfleisch zu kaufen.

Sie erklärte ihnen die Fakten und Triebkräfte ihres Wunsches. Sie führte

Argumente wie Patriotismus, leichte Verfügbarkeit, Einsparmöglichkeiten und Ernährung ins Feld, um die Hausfrauen zu motivieren, Innereien zu kaufen, zu kochen und ihren Familien vorzusetzen. Aber sie unterschätzte die Bremskräfte. Die Menschen waren es einfach nicht gewohnt, Ringerzunge, Herz und Nieren zu essen. Die Frauen wussten nicht, wie sie mit Innereien umgehen und sie zubereiten sollten. Sie glaubten nicht, dass ihre Familien sie essen würden.

Sie widersetzten sich der Veränderung so lange, bis sie sich zusammensetzten und gemeinsam begannen, das Problem zu verstehen. Erst als sie in das Problem einbezogen wurden, gaben sie allmählich ihren Widerstand auf, öffneten sich und zogen die Alternativen ernsthaft in Betracht. Als sie verstanden, inwiefern sie durch eine Veränderung ihres Speisezettels ihrem Land dienen konnten, und als sie ihre Bedenken offen geäußert hatten – ohne Angst, sich zu blamieren oder wegen ihrer Ängste und Zweifel ausgelacht zu werden –, änderten viele ihr Kauf- und ihr Essverhalten.

Lewin und die Regierung lernten eine wichtige Lektion: Nur wenn Menschen in ein Problem einbezogen werden, engagieren sie sich auch ernsthaft dafür, Lösungen zu finden.

Lösungen für Probleme

Ich kann persönlich bestätigen, wie wirkungsvoll es ist, Menschen in die Lösung von Problemen einzubeziehen. Das gilt sogar für Probleme in der Familie.

Eines Abends besuchte ich meine älteste Tochter, um mit ihr über einige Dinge zu sprechen, die sie gerade beschäftigten. Nachdem ich ihr eine Zeit lang zugehört hatte, fragte sie mich, ob es etwas gebe, worüber ich selbst sprechen wolle. Ich beschloss, sie in ein Problem einzubeziehen, das meiner Frau und mir schon seit geraumer Zeit zu schaffen machte. Es gelang uns nämlich nicht, unsere kleineren Kinder zu einer Uhrzeit ins Bett zu bekommen, die ihnen genügend Schlaf garantierte und uns noch etwas Zeit für uns selbst ließ.

Zu meiner Überraschung machte meine Tochter einige hervorragende Vorschläge. Sobald sie einbezogen war, fühlte sie sich verantwortlich. Ihre Überlegungen trugen maßgeblich zu der Lösung unseres Problems bei.

Bei einer anderen Gelegenheit überlegte ich, wie ich meine Autos regelmäßig warten könnte, ohne übermäßig viel Zeit und Geld dafür aufzuwenden. Ich wandte mich an den Leiter einer Werkstatt und bezog ihn in mein Problem ein. Ich betonte, dass ich großes Vertrauen in ihn und in sein Urteilsvermögen setze. Sobald er sich einbezogen fühlte, übernahm er auch die Verantwortung für die Ergebnisse. Er kümmerte sich um meine Autos, als wären es seine eigenen. Er führte die Wartungsarbeiten persönlich aus, nahm vorbeugende Checks vor und war sehr kulant in der Preisgestaltung.

Aufgeklärte Führungspersönlichkeiten und Manager auf der ganzen Welt wenden diesen einfachen Grundsatz bereits seit vielen Jahren auf die eine oder andere Weise an. Sie wissen: Wenn die Menschen sinnvoll einbezogen werden, geben sie bereitwillig das Beste, was in ihnen steckt. Und wenn sich die Menschen mit den Zielen eines Unternehmens identifizieren, setzen sie enorm viel Energie, Kreativität und Loyalität frei.

Harold Geneen schreibt dazu: »Von entscheidender Bedeutung ist die geistige Einstellung des Managers, der vor einer Entscheidung steht. Ich wollte, dass die Manager bei ITT fantasievoll und kreativ waren, aber gleichzeitig auch die Fakten objektiv bewerten konnten. Die Kontrolle des Arbeitsklimas liegt in den Händen des Unternehmensleiters. Für mich war es dabei am wichtigsten, eine angenehme, großzügige Atmosphäre zu schaffen, in der auf allen Führungsebenen eine offene und ehrliche Kommunikation stattfand.«

Wenn wir – auch in bester Absicht – autoritäre Problemlösungsmethoden anwenden, wird die Kommunikation automatisch herablassend und eingleisig. Wenn die Menschen spüren, dass wir auf sie herabsehen oder sie manipulieren wollen, um sie zu bestimmten Änderungen zu bewegen, reagieren sie unweigerlich mit Widerstand.

Die Triebkräfte verstärken oder die Bremskräfte abschwächen?

Die häufigste Frage von Managern, die die Feldtheorie kennen lernen, lautet: »Was ist besser: die Triebkräfte zu verstärken oder die Bremskräfte abzuschwächen?«

Die einfachste Methode besteht sicherlich darin, die Triebkräfte zu verstärken, weil wir diese kontrollieren können. Tatsächlich wurde diese Methode bislang auch am häufigsten angewendet. Aber sie ist weniger effektiv, denn sie bewirkt, dass die Menschen eine Kraftanstrengung unternehmen. Um im Bild unseres Diagramms zu bleiben: Sie setzen zwei oder drei weitere Kraft- oder Energiepfeile ein, um die Unternehmensleistung oder ihre eigene Leistung auf ein bestimmtes Niveau zu bringen. Aber dabei bleiben die Bremskräfte unverändert. Sie schaffen letztlich nur neue Spannungen auf einer höheren Ebene. Sobald diese wieder nachlassen, fällt die Leistung auf das alte Niveau zurück.

Besonders gut lässt sich dies in Unternehmen beobachten, in denen sich die Managementparolen ständig ablösen. Beispielsweise steht eine Zeit lang Kostenbewusstsein im Vordergrund, dann konzentrieren sich alle so sehr auf die Kosten, dass sie den Umsatz vergessen. Folglich wird die nächste Parole lauten, sich auf Marketing und Vertrieb zu konzentrieren. Die Kunden- und Serviceorientierung wird sich daraufhin verbessern, die Umsätze werden wieder steigen – aber leider achtet nun niemand mehr auf die Kosten. Wenn die Mitarbeiter im Lauf der Zeit ihre Motivation verlieren, ordnet die Geschäftsleitung mehr gesellige Zusammenkünfte und Betriebsausflüge an. Sie schafft eine Country-Club-Atmosphäre, in der Umsätze und Kosten wieder in den Hintergrund rücken.

Einem Unternehmen, das solche Zyklen durchläuft und seine Krisen auf diese Weise zu bewältigen versucht, wird es bald an Unterstützung fehlen. Das Vertrauen der Mitarbeiter schwindet und die Kommunikation verschlechtert sich, während es zu einer Polarisierung zwischen »uns« und »denen da oben« kommt. Dann wird wieder eine neue Parole ausgegeben oder eine neue Methode als Heilsbringer angekündigt. Aber auch wenn das neue Rezept schön verpackt und von externen Experten gebührend unterstützt wird, bleibt der nachhaltige Erfolg aus. Frust und Enttäuschung sind bereits zu stark geworden. Das Vertrauen ist zu gering, und jedes neue Programm wird nur noch als erneuter Manipulationsversuch des Managements betrachtet.

Ob man die Triebkräfte verstärken oder die Bremskräfte abschwächen muss, ist mit der Frage vergleichbar: »Wenn ich ein Auto mit halb angezogener Handbremse fahre, soll ich dann die Bremse lösen oder mehr Gas geben?« Wer auf das Gaspedal drückt, beschleunigt zwar die Geschwindigkeit, könnte aber auch einen Motorschaden verursachen. Wer die Handbremse löst, würde dagegen eine höhere Geschwindigkeit auf effizientere Weise erreichen.

Deshalb lautet mein Vorschlag, etwa zwei Drittel unserer Energie darauf zu verwenden, die Bremskräfte abzuschwächen, und ein Drittel darauf, die Triebkräfte zu verstärken. Da aber jede Situation anders ist, sollten wir uns die Bremskräfte zunächst genau anschauen und dann daran arbeiten. Viele Bremskräfte lassen sich so letztlich in Triebkräfte verwandeln.

Indem wir andere Menschen in ein Problem einbeziehen, setzen wir natürliche Triebkräfte frei, die in jedem Menschen vorhanden sind. Wenn die äußeren Triebkräfte mit der inneren Motivation in Einklang gebracht werden, kann daraus ein starkes Problemlösungsteam entstehen.

Kapitel 17

Mehr Mitarbeiter-Autonomie

Wir werden nicht selten von Unternehmen um Rat gebeten, die finden, dass ihre Mitarbeiter viel zu viel Zeit in Besprechungen und Ausschüssen verbringen. Mein Rat an das Management lautet in diesen Fällen, einen bewährten Weg zu gehen und das »Autonomie-Konzept« anzuwenden.

Effektives Personalmanagement beginnt mit effektiver Delegation: Zeit und Fähigkeiten sollen optimal genutzt werden. Häufig delegieren wir nur, weil wir keine andere Wahl haben – die Arbeit wächst uns nämlich über den Kopf.

Die Kunst des Delegierens muss erlernt werden. Viele völlig überlastete Führungskräfte nehmen sich nicht die notwendige Zeit, um Zusammenhänge zu erklären, Mitarbeiter zu überzeugen und sie anzuleiten. Die folgende Aussage eines Managers ist typisch: »Es kostet mich weniger Zeit, die Arbeit selbst zu tun als sie zu erklären. Außerdem kann ich es sowieso besser.« Durch eine solche Einstellung steigt seine Belastung jedoch unaufhörlich, bis er schließlich gar keine Zeit mehr hat, um seine Mitarbeiter anzuleiten.

Menschen und Unternehmen können sich ohne Delegation nicht entwickeln. Es werden Freiräume benötigt, die ein selbstständiges Handeln ermöglichen. Ohne diese Voraussetzung bleiben die Mitarbeiter immer an dem Punkt stehen, an dem auch die Kapazität des Vorgesetzten ausgeschöpft ist.

Effektive Manager verknüpfen das Delegieren mit Leistungsvereinbarungen nach dem Win-win-Konzept. Das Autonomie-Konzept leistet ihnen dabei eine wichtige Hilfe.

Das Prinzip: Kein Entkommen

Das Autonomie-Konzept zählt zu den besten Ideen, die ein ansonsten straff organisiertes und autoritär geprägtes Management-Modell hervorgebracht hat. Dem Konzept liegt der Gedanke zugrunde, dass Mitarbeiter einen Problembereich in seiner Gesamtheit und nicht nur in einzelnen Teilaspekten durchdenken sollen. Sie beschäftigen sich eingehend mit einer Aufgabe, arbeiten eigenständig Lösungsalternativen aus, zeigen deren jeweilige Konsequenzen auf und geben dann eine Handlungsempfehlung ab.

Sinn dieser Technik ist es, sämtliche Fähigkeiten der Mitarbeiter zur Entfaltung zu bringen und nicht nur einen kleinen Teil davon. Da sie wissen, dass ihre Empfehlungen endgültig sind, setzen sie all ihre Kräfte daran, gute Arbeit zu leisten. Wenn der Manager einem empfohlenen Aktionsplan zustimmt, ist der Weg schon frei zu seiner Umsetzung. Abgesehen von der Zeitersparnis hat diese Technik den Vorteil, dass sie der weit verbreiteten Praxis ein Ende setzt, sich durch die Flucht in endlose Gruppendiskussionen der Verantwortung zu entziehen.

Häufig ist es nämlich so, dass Mitarbeiter in Entscheidungsfindungsprozessen, die in Gruppen erfolgen, einfach nicht ihr Bestes geben. Sie ziehen den Weg des geringsten Widerstandes vor und sprechen über Ideen und Vorschläge, die nie richtig durchdacht wurden.

Der effektive Manager dagegen sorgt dafür, dass seine Mitarbeiter den anstehenden Problemen und Fragen auf den Grund gehen und erst danach eine endgültige Empfehlung abgeben. In der Regel wird er sich in diesen Prozess nicht einschalten und keine schnellen Antworten geben, auch wenn er dazu gedrängt wird. Er betrügt seine Mitarbeiter nämlich nicht um ihre Entwicklungschancen und profitiert gleichzeitig von der zeitlichen Entlastung, die ihm dieses Verfahren verschafft. Außerdem weiß er, dass es völlig unproduktiv wäre, den Mitarbeitern zuerst Verantwortung zu übertragen und sie ihnen dann wieder abzunehmen.

Hier muss eine Führungskraft also Klugheit walten lassen. Das Autonomie-Konzept ist kein Allheilmittel, und es ist auch nicht in allen Situationen angebracht. Manchmal – vor allem in der Anfangszeit eines Projekts – führt Brainstorming zu guten Ergebnissen. Ein anderes Mal ist es besser, durch Synergie zu einem Konsens zu finden.

Grundsätzlich bleibt festzuhalten, dass Mitarbeiter sich eingehend mit einem Problem befasst haben sollten, bevor sie in eine Besprechung gehen. Damit schützen sie sich und andere vor unausgegorenen Ideen und unangenehmen Überraschungen.

Gute Leistungen durch hohe Ansprüche

Henry Kissinger stellte als Außenminister an seine Mitarbeiter höchste Ansprüche. Auch er verlangte, dass sie ihm Empfehlungen vorlegten, die Hand und Fuß hatten. Wenn sie ihm ein Arbeitspapier vorlegten, ließ er es zwei Tage unbesehen liegen, um dann die Frage zu stellen: »Ist dies schon die beste Lösung, die Sie mir anbieten können?«

Seine Mitarbeiter erwiderten dann: »Nein. Einige Aspekte müssten noch etwas näher beleuchtet werden; wir sollten auch mehr Informationen beschaffen, weitere Alternativen ausarbeiten und die Folgen für den Fall benennen, dass unsere Empfehlung nicht befolgt wird.« Darauf meinte Kissinger: »Dann tun Sie das.« Seine Mitarbeiter legten ihren Bericht dann ein zweites Mal vor. Das Spiel wiederholte sich. »Ist dies schon die beste Lösung, die Sie mir anbieten können?«, fragte er nochmals.

Meistens kennt man ja die Mängel der eigenen Arbeit. Im Autonomie-Konzept wird dieser Tatsache Rechnung getragen. Der Mitarbeiter ist verantwortlich dafür, solche Mängel selbst zu benennen und zu korrigieren. Auch Kissingers Mitarbeiter wussten stets, wo ihre Arbeit noch nachgebessert werden musste.

Sie legten ihre Vorschläge dann ein drittes Mal vor. Wieder stellte Kissinger die Frage: »Ist das die beste Lösung, die Sie mir anbieten können? Lautet so Ihre endgültige Empfehlung? Kann noch etwas verbessert werden?« Sie antworteten: »Wir sind zufrieden damit, wenn man davon absieht, dass die Sprache noch etwas gestrafft und die Präsentation etwas ansprechender gestaltet werden könnte.«

Sie bearbeiteten den Bericht also nochmals, legten ihn wieder vor und sagten: »Das ist die beste Lösung, die wir finden konnten. Wir haben sie sorgfältig durchdacht, wir haben die Alternativen ausgearbeitet, die Konsequenzen dargelegt und die Empfehlungen formuliert. Wir haben auch den Aktionsplan in allen Einzelheiten dargestellt und ihn in seine endgültige Fassung gebracht. Jetzt sind wir überzeugt, dass wir ihn mit dem besten Gewissen vorlegen können.« Kissinger sagte dann: »Gut, dann werde ich ihn jetzt lesen.«

Diese Geschichte illustriert, dass es Mitarbeitern oft wichtiger sein kann, sich selbst Zeit und Mühe zu sparen als ihrem Vorgesetzten. Dabei ist seine Zeit viel kostbarer – umso mehr Grund für ihn, seine Mitarbeiter zu Spitzenleistungen zu motivieren.

Sonys Mini-CD-Player

Die Markteinführung von Laser-CD-Playern durch Sony verlief zunächst schleppend. Als dann aber das erste erfolgreiche Produkt den Markt eroberte, konnte die Konkurrenz weit zurückgeschlagen werden. Der Mann, der für diesen Erfolg verantwortlich ist, heißt Kozo Ohsone. Er ist ein Manager mit starker Kundenorientierung, der schon einen wesentlichen Anteil an der Entwicklung des Walkmans gehabt hat.

Ohsone ging eines Tages in sein Labor, schnitt ein Holzstück in der Größe einer CD zu und zeigte es seinen Technikern. Weil er nicht wollte, dass sich das Management zu früh mit ungebetenen Ratschlägen einschaltete, bat Oshone seine Techniker, die Neuentwicklung im Labor geheim zu halten. Als Nächstes holte er sich einige Produktdesigner, die ihm bei der Konstruktion halfen. Die Geräte sollten nämlich sehr klein werden, sodass bei jedem Schritt überprüft werden musste, ob ihre auf engstem Raum untergebrachten Schaltkreise überhaupt zur Massenproduktion durch Roboter tauglich waren.

Ohsone machte seinen Leuten deutlich, dass er die Frage »Warum diese Größe?« nicht beantworten wollte. Die Techniker und Designer mussten sich wohl oder übel damit abfinden, und sie führten das Projekt nach Ohsones Anweisungen durch. Dieser Mini-CD-Player hatte schließlich ein Zwanzigstel der Größe des ursprünglichen Geräts, kostete nur ein Drittel so viel und eroberte den Markt im Sturm.

Die Verwirklichung des Autonomie-Konzeptes

Es empfiehlt sich, das Autonomie-Konzept in fünf Schritten durchzuführen.

- *Erstens: Machen Sie deutlich, welche Anforderungen Sie stellen*, bevor Sie den psychologischen Vertrag schließen. Denken Sie an die Beispiele von Kissinger und Ohsone. Erst wenn die Erwartungen eindeutig feststehen, kann jemand alleine oder im Team seine ganze Kraft daransetzen, Fristen einzuhalten und Empfehlungen und Alternativen auszuarbeiten. Das Ergebnis dieser Arbeit sollte stets bis ins Detail ausformuliert werden.

- *Zweitens: Klären Sie die Initiativmöglichkeiten Ihrer Mitarbeiter:* Sollen sie auf Ihre Anweisungen warten, oder warten Sie auf ihre Fragen? Sollen sie nach Bedarf Bericht erstatten oder in regelmäßigen Abständen?

- *Drittens: Sprechen Sie stillschweigend getroffene Annahmen aus.* Oft bitten Mitarbeiter den Vorgesetzten darum, ihnen zu einem frühen Zeitpunkt eines Projekts ein Feedback zu geben, damit ihre Arbeit keine falsche Richtung nimmt. In einem solchen Fall ist es wichtig, dass beide Seiten zum Ausdruck bringen, welche Annahmen ihrer Arbeit zugrunde liegen. Sonst könnte es geschehen, dass die abschließende Empfehlung mit dem Satz kommentiert wird: »Sie haben ja nicht einmal verstanden, von welchen Prämissen ich eigentlich ausgegangen bin.«

- *Viertens: Stellen Sie den Mitarbeitern, die nach dem Autonomie-Konzept arbeiten, so viel Zeit und Ressourcen wie nur möglich zur Verfügung.* Nichts ist frustrierender, als ohne ausreichende Informationen und Ressourcen an einer Aufgabe arbeiten zu müssen. Wenn Sie tatsächlich einmal vorübergehend nicht in der Lage sind, Ihrem Mitarbeiter entsprechende Instruktionen zu geben, sollten Sie ihm zumindest eine Erklärung dafür geben.

- *Fünftens: Legen Sie Zeit und Ort für die Präsentation und die Kontrolle der Ergebnisse fest.* Geben Sie Ihren Mitarbeitern die Chance, ihre Arbeit effektiv zu präsentieren.

Auch die Beachtung dieses Gebots ist kein todsicheres Geheimrezept. Es handelt sich einfach um eine effektive Methode, um Mitarbeiter zu eigenständigem Denken und sorgfältigem Arbeiten zu motivieren. Erfahrungsgemäß sind viele Mitarbeiter begeistert, wenn man ihnen die Chance gibt, einem Problem wirklich auf den Grund zu gehen und endlich einmal zu zeigen, was in ihnen steckt. Wenn das Autonomie-Konzept vernünftig angewandt wird, sparen langfristig gesehen alle Parteien mehr Zeit. Außerdem erhöht sich die Qualität der Arbeit, weil die Mitarbeiter bisher ungenutzte Reserven mobilisieren können.

Die Anwendung des Autonomie-Konzeptes

Das Autonomie-Konzept kann in vielen Bereichen eingesetzt werden, einige davon sind:

- *Vorträge und Präsentationen.* Kümmern Sie sich um alle notwendigen Vorarbeiten, damit Ihr Mitarbeiter weiß, welche Ressourcen ihm zur Verfügung stehen und welche Anforderungen Sie an seine Arbeit stellen. Besonders wenn es um Vorträge und Präsentationen geht, müssen Sie klare Anhaltspunkte geben. »Hier sind die wichtigsten Themen, die ich in der Besprechung in zwei Wochen angehen möchte«, könnte seine Anweisung etwa lauten. »In der Zwischenzeit bin ich auf einer Geschäftsreise. Nach meiner Rückkehr werde ich Ihre Vorschläge und Empfehlungen überprüfen.«

- *Problembearbeitung.* Eine Führungskraft könnte einen vertrauenswürdigen Mitarbeiter bitten: »Befassen Sie sich mit dieser Angelegenheit, und legen Sie mir dann eine Empfehlung und einen Maßnahmenkatalog vor.«

  Diese Methode kann überraschende Ergebnisse bringen. Ein Geschäftsführer kommentierte einmal die Berichte seiner Mitarbeiter mit den Worten: »Ich habe nicht gewusst, dass ich so intelligente Leute in meiner Firma habe!«

- *Besprechungen.* Das Autonomie-Konzept fördert nicht nur verborgene Talente zutage, sondern es erhöht auch die Effektivität von Besprechungen. Die Teilnehmer haben sich gründlich vorbereitet und sind deshalb mit allen Tagesordnungspunkten vertraut.

- *Synergetische Problemlösung.* Bei umfangreicheren Projekten können Sie einen kleinen Ausschuss einsetzen, der nach dem Autonomie-Konzept arbeitet.

  Sie stellen zum Beispiel fest, dass das Unternehmen große Probleme in den Bereichen Kommunikation, Karriereentwicklung oder Gehaltsstrukturen hat. Bilden Sie mit drei bis vier Mitarbeitern aus verschiedenen Unternehmensebenen einen Ausschuss und stellen Sie ihm die Aufgabe, sich eingehend mit dem Problem zu befassen. Er soll spezifische Empfehlungen ausarbeiten, die dann der Geschäftsleitung vorgelegt werden: »Unsere Empfehlung lautet aus den folgenden Gründen so und nicht anders. Hier sind die Alternativen, hier die Konsequenzen, und hier die Ursachen des Problems.« Aus den verschiedenen Ansichten im Team erwächst eine eindrucksvolle Synthese. Ich habe nur selten erlebt, dass die daraus resultierenden Empfehlungen abgelehnt wurden.

Ein weiterer Vorteil von Synergieprozessen besteht darin, dass Mitarbeiter, die sich auf destruktive, die Effektivität hemmende Verhaltensweisen versteift haben, eine Gelegenheit erhalten, ihre negative Energie in konstruktive Kanäle umzulenken. Die Tatsache, dass sie ihre ganze Persönlichkeit einbringen können und sollen, nimmt ihnen den Wind aus den Segeln.

Ein abschließendes Wort der Vorsicht soll nicht fehlen. Es besteht die Gefahr, dass mit dem Autonomie-Konzept der Eindruck erweckt wird: »Was glaubt der Chef eigentlich, wer er ist? Wir erledigen seine Arbeit, und er braucht dann nur noch zu unterschreiben.« Oder: »Er kümmert sich ja gar nicht um das Problem; er will es sich nur vom Hals schaffen.« Deshalb muss das Konzept unbedingt in den Rahmen einer umfassenderen Unternehmensstrategie eingebettet werden.

Wenn diese Grundsätze beachtet werden, kann es dazu beitragen, dass die Mitarbeiter sich weiterentwickeln und die Führungskräfte viel Zeit sparen. Es fördert die Fähigkeit der Mitarbeiter, auf unterschiedliche Situationen angemessen zu reagieren und sich neuen Entwicklungen optimal anzupassen.

Kapitel 18

Management und Führung

In Unternehmen gibt es in der Regel drei Rollen: Umsetzer, Manager oder Führungspersönlichkeit. Jede Rolle ist für den Erfolg des Unternehmens entscheidend.

Gibt es beispielsweise in einem Unternehmen keine Umsetzer, werden hervorragende Ideen und gute Vorsätze nicht verwirklicht. Die Arbeit bleibt liegen. Gibt es keinen Manager, kommt es zu Rollenkonflikten und unklaren Zuständigkeiten: Jeder versucht, ein Umsetzer zu sein und unabhängig zu arbeiten, ohne sich auf etablierte Systeme oder Verfahren zu stützen. Und wenn eine Führungspersönlichkeit fehlt, herrscht ein Mangel an Vision und Orientierung. Die Menschen fangen an, ihre Mission aus dem Blick zu verlieren.

Natürlich ist jede Rolle für das Unternehmen wichtig, doch die größte Bedeutung hat die Führungspersönlichkeit. Fehlen ihre strategischen Vorgaben, klettern die Mitarbeiter möglicherweise pflichtbewusst »die Erfolgsleiter« hoch, nur um bei Erreichen der obersten Sprosse zu entdecken, dass die Leiter an der falschen Wand lehnt.

Wir könnten uns jeden Bereich des menschlichen Tuns ansehen und würden endlos viele Beispiele für Menschen finden, die auf den Sprossen einer Leiter hochklettern, die an der falschen Wand lehnt. Peter Drucker zufolge verlieren die meisten Unternehmen bereits wenige Jahre nach ihrer Gründung ihre Mission und ihre Aufgabe aus den Augen. Sie konzentrieren sich stattdessen auf Methoden und Effizienz anstatt auf Effektivität. Sie konzentrieren sich darauf, die Dinge richtig zu tun, anstatt die richtigen Dinge zu tun. Die Menschen scheinen dazu zu neigen, in der Vergangenheit erfolgreiche Methoden auch für die Zukunft festzuschreiben. Sie wenden viel Energie dafür auf, aus der Vergangenheit die Regeln für die Zukunft abzuleiten, auch wenn sie längst überholt sind. Traditionelle Verfahren und Methoden sterben tatsächlich schwer aus.

Aus diesem Grund ist die Rolle der Führungspersönlichkeit für den dauerhaften Erfolg so entscheidend. Bei der Führung geht es darum, die Richtung vorzugeben und dafür zu sorgen, dass die Leiter an der richtigen Wand lehnt. Beim Management geht es um Geschwindigkeit. Wer mit der doppelten Geschwindigkeit in die falsche Richtung fährt, ist jedoch hoffnungslos verloren. Bei der Führung geht es um Visionen – also darum, die Mission im Blick zu behalten – und Effektivität und Ergebnisse. Beim Management geht es um die Einrichtung der Strukturen und Systeme, um diese Ergebnisse zu bekommen. Das Management konzentriert sich auf Effizienz, Kosten-Nutzen-Analysen, Logistik, Methoden, Verfahren und Richtlinien.

Führung bedeutet, auf die richtigen Geschäftsfelder zu setzen, die die Umsätze sprudeln lassen. Management bedeutet, daraus möglichst viel Gewinn zu erwirtschaften. Führung setzt Werte und Prinzipien voraus. Management setzt Ressourcen voraus, um die Gewinnziele verfolgen zu können.

Natürlich schließen sich Management und Führung nicht gegenseitig aus. Man könnte vielmehr sagen, dass die Führung die höchste Komponente des Managements ist. Die Führung selbst lässt sich in zwei Bereiche unterteilen: Der eine Bereich betrifft die Vision und die Richtung, die Werte und Ziele des Unternehmens, und der andere Bereich die Inspiration und die Motivation der Menschen, sich für ein gemeinsames Ziel einzusetzen. Einige Führungspersönlichkeiten verfügen über eine Vision, aber nicht über das erforderliche Talent zum Aufbau eines Teams. Andere können Menschen motivieren und Teams aufbauen, aber ihnen fehlt die Vision.

In der Teamentwicklung müssen Führungspersönlichkeiten versuchen, destruktive Reibungsflächen zu vermeiden. Die Stärke eines sich ergänzenden Teams liegt in der Vielfalt. Deshalb sollte die Führungspersönlichkeit nicht versuchen, Menschen zu klonen oder nach ihrem Vorbild zu formen. Solange die Menschen dieselben Ziele verfolgen, ist es nicht wichtig, dass sie dieselben Rollen spielen. Wenn die Teammitglieder einander mit Respekt behandeln, kann man Unterschiede nutzen und als Stärken einsetzen.

Die Hauptaufgabe der Führungspersönlichkeit lautet, den gegenseitigen Respekt zu fördern und ein sich ergänzendes Team aufzubauen, in dem jede Stärke produktiv genutzt wird, während Schwächen in den Hintergrund treten. Die Hauptaufgabe eines Managers lautet, die Arbeit und die

Rolle des Umsetzers durch Hebeleffekte zu verstärken. Ein Umsetzer krempelt die Ärmel hoch und tut, was notwendig ist, um Probleme zu lösen und Ergebnisse zu erzielen.

Es ist sehr interessant und aufschlussreich zu untersuchen, wie gut die Rolle eines Menschen am Arbeitsplatz zu seinem persönlichen Stil oder zu seinen Präferenzen passt. Beispielsweise sind manche Menschen an einem Arbeitsplatz tätig, an dem sie wenig umsetzen müssen, der aber hauptsächlich aus Managementaufgaben und zu einem geringeren Teil aus Führungsaufgaben besteht. Gleichzeitig entspricht ihr persönlicher Stil oder ihre Vorliebe aber eher dem eines Umsetzers als eines Managers oder einer Führungspersönlichkeit. Natürlich ist es sehr frustrierend und eine ständige Quelle der Kritik, wenn die Arbeitserwartungen und die persönlichen Vorlieben nicht zusammenpassen. Verschärft werden solche Probleme dann, wenn ein Mitarbeiter die relative Bedeutung dieser drei Rollen an seinem Arbeitsplatz anders als sein Vorgesetzter oder seine Kollegen bewertet.

Linke und rechte Gehirnhälfte

Die Gehirnforschung hilft uns zu verstehen, warum manche Menschen exzellente Umsetzer, aber schlechte Manager, oder großartige Manager, aber schwache Führungspersönlichkeiten sind. Die Forschung teilt das Gehirn in eine linke und eine rechte Hemisphäre ein, die auf jeweils eigene Aufgaben spezialisiert sind, verschiedene Arten von Informationen verarbeiten und unterschiedliche Probleme lösen.

Obwohl beide Hemisphären an logischen und kreativen Prozessen beteiligt sind, konzentriert sich die linke Hälfte mehr auf logische Prozesse und die rechte mehr auf emotionale Vorgänge. Die linke Hälfte verarbeitet Sprache, die rechte Bilder. Die linke Hälfte sammelt Einzelheiten, die rechte sieht die Zusammenhänge zwischen ihnen und verarbeitet sie zu einem Ganzen. Die linke Hälfte konzentriert sich auf die Analyse und gliedert die Dinge auf, die rechte konzentriert sich auf die Synthese und fügt die Dinge zusammen. In der linken Hälfte herrscht das sequenzielle Denken vor, in der rechten das gleichzeitige und ganzheitliche Denken. Die linke ist zeitlich orientiert, hat also ein Gefühl für die Zeit und deren Bedeutung für die Ziele, während die Zeit in der rechten Hälfte keine Rolle spielt und sogar vergessen werden kann. Die linke Hälfte steuert die rechte Seite des Körpers und umgekehrt.

Anhand dieser Begriffe konnte man sagen, dass in unserer Welt die linke Hemisphäre dominiert, da Worte, Zahlen und Logik vorrangig sind, während Kreativität, Intuition und künstlerische Fähigkeiten häufig als weniger wertvoll eingestuft und sogar unterdrückt werden. Das gilt besonders bei Männern: Das maskuline »Macho«-Stereotyp, kombiniert mit dem Schwerpunkt auf dem verstandesmäßigen Denken der linken Hemisphäre, unterdrückt häufig die kreativen, ästhetischen, intuitiven Fähigkeiten (die häufig als feminin gelten).

Die östlichen Kulturen bezeichnen die beiden Teile der Natur eines Menschen als Yin und Yang. Das Yin ist der weibliche und das Yang der männliche Teil. Ganze Bibliotheken wurden über dieses Thema geschrieben, einschließlich zahlreicher Bücher über Unternehmensorganisation. Viele Unternehmen haben hervorragende Management- und Kontrollsysteme, aber ihnen fehlt das Herz. Andere verfügen vielleicht über ein Herz, aber es mangelt ihnen an Verstand, guten Systemen und Kontrollen.

Die griechischen Philosophen der Antike sprachen von Ethos, Pathos und Logos. Grundsätzlich betrifft das Ethos die eigene Glaubwürdigkeit oder das, was ich das emotionale Bankkonto nenne; Pathos handelt von Emotionen und Motivation, also Abläufen in der rechten Gehirnhälfte, und Logos vom logischen Verstandesprozess, also der linken Hälfte.

Auf die Hauptrollen in Unternehmen angewendet, wäre die Rolle des Managers hauptsächlich in der linken Gehirnhälfte und die der Führungspersönlichkeit in der rechten Hälfte angesiedelt. Die Rolle des Umsetzers wiederum hinge von der Art seiner Arbeit ab. Handelt es sich um eine verbale, logische, analytische Arbeit, wäre im Wesentlichen die linke Hälfte betroffen, bei einer eher intuitiven, emotionalen oder kreativen Arbeit die rechte Hälfte.

Menschen, die exzellente Manager, aber schlechte Führungspersönlichkeiten sind, können durchaus sehr gut organisiert sein und ihren Bereich mit hervorragenden Systemen und detaillierten Arbeitsplatzbeschreibungen fest im Griff haben. Aber wenn sie nicht persönlich motiviert sind, lassen die Ergebnisse zu wünschen übrig, weil sie ihre Arbeit ohne Gefühl und Herz erledigen. Alles ist dann zu mechanisch, zu formell und auf Absicherung ausgerichtet. Eine weniger starre Organisation würde hier vielleicht weit besser funktionieren, auch wenn sie auf einen Außenstehenden chaotisch wirken könnte. Manchmal werden überragende Leistungen allein auf der Grundlage dessen erzielt, dass die Menschen eine gemeinsame Vision verfolgen und sich durch eine gemeinsame Aufgabe verbunden fühlen.

Dementsprechend lautet mein Vorschlag: *Mit der linken Hälfte managen, mit der rechten führen.*

Natürlich wäre es ideal, beide Gehirnhälften gleich gut einsetzen zu können. Dann würde man in unterschiedlichen Situationen die jeweils optimale Hälfte einsetzen, um ein gutes Ergebnis zu erreichen. Wenn jemand bei einem Schachspiel fragt: »Welches ist der beste Zug?«, lautet die Rückfrage: »Wie sieht die Spielsituation denn aus?« Erst dann können wir eine Aussage über den besten Zug treffen. Wenn jemand fragt: »Welcher Golfschläger ist der beste?«, müssen wir ebenfalls zuerst die Beschaffenheit des Golfplatzes, wie der Ball liegt und ähnliche Gegebenheiten in Erfahrung bringen. Die Fähigkeit, eine Situation zu analysieren, steht an erster Stelle, und schon dies erfordert häufig ein gutes Zusammenspiel zwischen der rechten und der linken Gehirnhälfte.

Um eine bessere Balance zwischen den beiden Hälften zu erzielen, kann es angebracht sein, die jeweils schwächere Hälfte zu trainieren. Ein Mensch mit dominanter linker Gehirnhälfte sollte gezielt die Fähigkeiten der rechten trainieren. Er kann lernen, durch Gefühle, Berührungen und visuelle Bilder zu kommunizieren und mehr mit den Augen als mit den Ohren zuzuhören, indem er sich künstlerisch betätigt und die kreative Seite der Problemlösung übt. Menschen mit dominanter rechter Gehirnhälfte sollten die latenten Fähigkeiten der linken Hälfte durch analytische Problemlösungsprozesse, verbale Kommunikation, die Lektüre von Fachbüchern und die Beschäftigung mit der Informatik, Jura, Rechnungswesen oder anderen angewandten Wissenschaften weiterentwickeln.

Unternehmen, in denen das kurzfristige, auf Gewinn ausgerichtete und an harten Daten orientierte Denken im Mittelpunkt steht, vernachlässigen in der Regel die Entwicklung von Führungspersönlichkeiten. Sie bringen Führungskräfte »mit halbem Gehirn« hervor, die sich zu selten die Zeit nehmen, um ihre Vision und Richtung zu kommunizieren, Teams aufzubauen, Menschen zu entwickeln oder Meetings zu planen – außer sie befinden sich mitten in einer Krise.

Wenn bei ihnen überhaupt Führungsfragen auf der Tagesordnung stehen, dann meist weit unten unter den »Sonstigen Angelegenheiten«. Die Verantwortlichen sprechen Führungsfragen selten an, weil die Themen der Umsetzer und Manager, die ganz oben auf der Tagesordnung stehen, bereits ihre ganze Aufmerksamkeit beansprucht haben.

Es verwundert nicht, dass viele Menschen und Institutionen in die falsche Richtung gehen, sich im falschen Dschungel befinden oder ihre Leiter an die falsche Wand lehnen. Durch die strategische Führung können sie wieder auf den richtigen Weg zurückfinden.

Eine strategische Führungspersönlichkeit kann eine Richtung und eine Vision vorgeben, durch Liebe motivieren und ein sich ergänzendes Team aufbauen, in dem gegenseitiger Respekt herrscht. Dazu muss sie mehr auf Effektivität als auf Effizienz setzen und sich mehr mit der Richtung und den Ergebnissen als den Methoden, Systemen und Verfahren befassen. Während sich die Umsetzer einen Weg durch den Dschungel schlagen und die Manager für sie die Macheten schärfen, für die Fertigung neuer Macheten sorgen und Schulungen für die Hersteller der neuen Macheten entwickeln, muss eine aufgeklärte und mutige Führungspersönlichkeit manchmal eben einfach rufen: »Wir sind im falschen Dschungel!« Allerdings muss sie sich auch auf die Antwort gefasst machen: »Ruhe bitte! Wir machen doch Fortschritte.«

Kapitel 19

So wird der Sumpf zur Oase

Stellen Sie sich einen Sumpf vor – trübe, dunkel, nass, ein unsicherer Grund, voll mit Schlamm, Wasser, Algen und Fließsand. Es wimmelt von Insekten, und Sie sehen Krokodile, Käfer, Spinnen, Schlangen und anderes Sumpfgetier. Das Wasser steht, kein Frischwasser fließt hinzu, kein Wasser läuft ab. Pilze und Moose wachsen und gedeihen, der Gestank ist unerträglich. Das Wasser ist faulig und abgestanden, Pflanzen verrotten und Krankheiten entstehen.

Malen Sie sich nun aus, wie dieser düstere Sumpf sich allmählich in eine bezaubernde Oase verwandelt. Das faulige Wasser wird abgelassen, der Sumpf trockengelegt, frisches Wasser wird zugeführt und Abflüsse werden geschaffen, sodass das Wasser immer sauberer wird. Der Boden wird fester, der Gestank verfliegt, Pflanzen beginnen wieder zu wachsen und prachtvolle Blüten strömen einen Duft aus, der beruhigt und entspannt. Sie sehen wunderschöne Pflanzen, Bäume und Lagunen.

Schließlich hat sich der Sumpf in eine echte Oase verwandelt, in der ausladende Bäume Schatten spenden und klares, reines Wasser zum Baden einlädt. Sie könnten das Wasser sogar trinken, so sauber ist es. Die Oase ist ein Ort, an dem man sich gern ausruht, gern arbeitet und mit anderen Menschen zusammenkommt. Wenn Sie die Oase beschreiben müssten, würden Sie Adjektive verwenden wie schön, angenehm, großartig, einladend, zauberhaft, prächtig, herrlich und friedlich.

Verändern Sie Ihre Situation

Wie können Sie einen Sumpf – eine schwierige Situation, mit der Sie konfrontiert sind – in eine reizvolle Oase verwandeln? Wie müssen Sie dazu vorgehen? Ein solch tiefgreifender Wandel ist das Ergebnis mehrerer kleiner Transformationen.

Erstens sollte Ihre Organisation eine Farm sein, keine Schule, und sie sollte sich auf Naturgesetze und Prinzipien stützen, weil diese Gesetze zeitlos und universell sind.

Sie können einen von politischer Taktiererei geprägten Sumpf nicht in eine Total-Quality-Kultur transformieren, solange Sie nicht charakterliche Gewohnheiten und zwischenmenschliche Verhaltensweisen entwickeln, die auf Prinzipien basieren. Andernfalls fehlt Ihnen die Grundlage, um Qualitäts- und andere Reforminitiativen zum Erfolg führen zu können.

Wenn es Ihnen gelingt, eine sumpfähnliche Kultur, geprägt von Feindseligkeit, Legalismus, Protektionismus und Politik, in eine »Oasen-Kultur« zu verwandeln, die auf Naturgesetzen oder Prinzipien beruht, erzielen Sie reiche Ernte. Sie können beträchtliche Einsparungen erreichen, wenn Sie Kontrollspannen erweitern und die Energien und Talente Ihrer Mitarbeiter freisetzen. Was müssen Sie dafür tun?

Im Wesentlichen müssen Sie ein Gefühl innerer Sicherheit erzeugen, damit sich das Unternehmen flexibel an aktuelle Marktverhältnisse anpassen kann. Je weniger die Mitarbeiter in sich selbst ruhen, desto weniger können sie sich auf äußere Gegebenheiten einstellen. Sie brauchen ein Gefühl von Sicherheit, das Gefühl, auf festem Boden zu stehen, und ein gewisses Maß an Vorhersagbarkeit. Manchmal versuchen sie, dieses Gefühl aus Strukturen und Systemen zu beziehen, doch das schafft nur Bürokratie. Bürokratie lässt Unternehmen erstarren und raubt ihnen die Fähigkeit, sich rasch auf veränderte Marktbedingungen einzustellen.

Menschen nehmen Veränderungen nur dann begeistert an, wenn sie ihre Sicherheit aus sich selbst heraus beziehen. Stammt diese Sicherheit von außen, betrachten sie Veränderungen als Bedrohung. Wir brauchen ein Gefühl von Beständigkeit und Sicherheit. Wir können nicht dauernd auf schwankendem Grund leben, können nicht jeden Tag ein Erdbeben durchmachen. Daher erschaffen wir etwas, das stabil und vorhersehbar ist, oftmals, indem wir Strukturen und Systemen, Regeln und Vorschriften entwickeln. Regeln und Vorschriften halten das Unternehmen jedoch davon ab, anpassungsfähig zu bleiben, indem sie die Frischwasserzufuhr (neue Ideen) abschneiden. Ein Sumpf entsteht. Das Wasser ist seicht und abgestanden, es stinkt (und jeder weiß es), doch wenn es der Konkurrenz genauso ergeht, überleben wir. Wenn neue Wettbewerber auf den Plan treten – Wettbewerber mit einer Kultur des Vertrauens, der Teamarbeit, der harten Arbeit und des Strebens nach Qualität und Innovation –, können wir ihre Vorgehensweise beobachten und versuchen, diese auf unsere eigene Kultur zu übertragen. Doch wenn das Fundament fehlt, bleiben wir im Sumpf stecken.

Was geschieht, wenn Menschen den Eindruck gewinnen, die Bezahlung sei ungerecht? Sie fordern die Beseitigung des wahrgenommenen Unrechts. Vielleicht bilden sie eine Gewerkschaft, berufen sich auf das Arbeitsrecht oder leisten kollektiven Widerstand. Bei all diesen Maßnahmen kommen zwei Bedürfnisse zum Tragen: das gesellschaftliche Bedürfnis, dazuzugehören und akzeptiert zu werden, sowie das psychologische Bedürfnis, schöpferische Energien und Begabungen zur Geltung zu bringen und einer Sache, einem Zweck zu dienen. In vielen Fällen entwickelt sich das Unternehmen jedoch zu einem Ort, an dem politisches Taktieren das Geschehen bestimmt.

Diese Art von Kultur erzeugt Abhängigkeit, und abhängige Menschen lassen sich nicht zu mündigen Mitarbeitern machen. Genau aus diesem Grund scheitern die meisten Initiativen zur Stärkung der Mitarbeiter-Autonomie. Menschen wirken in ihrem Handeln vielleicht selbstständig und mündig, sind jedoch oft unberechenbar – und wenn sie die falsche Richtung einschlagen, entziehen Vorgesetzte ihnen die übertragene Verantwortung und übernehmen wieder die Kontrolle. Dabei üben sie entweder Macht durch Zwang oder durch Nutzen aus: »Wenn du jetzt etwas für mich tust, tue ich auch etwas für dich.« Verfahren, die sich in der Vergangenheit bewährt haben, greifen jedoch nicht bei neuen Herausforderungen. Nichts ist gefährlicher als die bisherigen Erfolge.

Wenn Sie sich an Prinzipien orientieren, führen Sie wahrscheinlich prinzipienorientierte Beziehungen, auch mit Menschen, die ein politisch geprägtes Paradigma verfolgen. Es ist schwer, sich über einen langen Zeitraum in der Nähe einer prinzipienorientierten Person aufzuhalten, ohne die Kraft zu spüren, die von dieser Art von Integrität ausgeht. Menschen, die das politische Taktieren vorziehen, werden sich entweder ändern oder weggehen. Sie ertragen ein solches Maß an Integrität nicht, vor allem dann nicht, wenn die prinzipienorientierte Person diese Integrität still und leise vorlebt. Und wenn »politische Taktierer« sich ändern oder ihren Hut nehmen, werden Sie sehen, wie sich der Sumpf in eine Oase verwandelt.

Prinzipienorientierte Führungspersönlichkeiten entwickeln eine gemeinsame Vision und bestimmte Prinzipien. Sie arbeiten daran, die Bremskräfte abzuschwächen. Manager dagegen konzentrieren sich hauptsächlich darauf, die Triebkräfte zu intensivieren. Wenn Sie diese Kräfte, die Muskeln eines Unternehmens (seine finanziellen und menschlichen Fähigkeiten), verstärken, können Sie vorübergehend einige Verbesserungen erzielen. Doch die Verbesserungen schaffen Spannungen, die zu neuen Problemen führen – und um diese Probleme zu lösen, sind erneut Triebkräfte erforderlich. Die Leistung lässt nach und kann auf das ursprüngliche Niveau oder sogar darunter sinken, insbesondere dann, wenn sich im Unternehmen Erschöpfung und Zynismus breitmachen. Wer sich beim Management allein auf die Triebkräfte verlässt, betreibt bald nur noch Krisenmanagement. Weil so viele Bälle in die Luft geworfen wurden, so viele akute Probleme zu lösen sind, wird die gesamte Energie der Mitarbeiter im Kampf mit den täglichen Anforderungen und dringenden Angelegenheiten aufgezehrt. Doch »die Hoffnung stirbt zuletzt«, und neue Initiativen geben stets neue Hoffnung.

Transaktionale Führung

Transformationale Führung ist nicht das gleiche wie transaktionale Führung. Erstere bedeutet im Wesentlichen, dass wir die Gegebenheiten unserer persönlichen Welt ändern, um sie stärker auf unsere Werte und Ideale abzustimmen. Bei der transaktionalen Führung dagegen geht es um eine effiziente Interaktion mit den sich verändernden Realitäten. Die transformationale Führung stellt die gesamte Entwicklung in den Mittelpunkt und ist prinzipienorientiert. Die transaktionale Führung fokussiert sich auf das Ergebnis und ist rein ereignisorientiert. Beide Führungskonzepte können auch auf andere Weise gegenübergestellt werden, wie an den folgenden Aufzählungen zu erkennen ist.

Transformationale Führung

- Fußt auf dem menschlichen Bedürfnis nach Sinn und Bedeutung
- Beschäftigt sich mit Zielen und Werten, Moral und Ethik
- Geht über die täglichen Anliegen hinaus
- Ist auf die Erfüllung langfristiger Ziele ausgerichtet, ohne menschliche Werte und Prinzipien zu gefährden
- Trennt Ursachen und Symptome und bemüht sich um Vorbeugung
- Betrachtet den Gewinn als Grundlage für Wachstum
- Ist pro-aktiv, katalytisch und geduldig

- Konzentriert sich auf Leitbilder und zugehörige Umsetzungsstrategien
- Nutzt menschliche Ressourcen umfassend
- Identifiziert und entwickelt neue Talente
- Erkennt und belohnt wichtige Beiträge
- Gestaltet und ändert Arbeitsplätze, um erfüllende, anspruchsvolle Tätigkeiten zu gewährleisten
- Erschließt menschliche Potenziale
- Lebt Liebe vor
- Führt in neue Richtungen
- Stimmt interne Strukturen und Systeme aufeinander ab, um übergeordnete Werte und Ziele zu unterstützen

Transaktionale Führung

- Fußt auf dem menschlichen Bedürfnis, Aufgaben zu erledigen und seinen Lebensunterhalt zu sichern
- Beschäftigt sich mit Macht und Positionen, Politik und Sonderzulagen
- Verstrickt sich in täglichen Angelegenheiten
- Ist kurzfristig und auf harte Fakten ausgerichtet
- Verwechselt Ursachen und Symptome und beschäftigt sich mehr mit Behandlung als mit Vorbeugung
- Konzentriert sich auf taktische Fragen
- Verlässt sich auf Beziehungen, um Interaktionen zu »ölen«
- Erfüllt Rollenerwartungen, indem sie danach strebt, in bestehenden Systemen effektiv zu arbeiten
- Unterstützt Strukturen und Systeme, die den Gewinn steigern, die Effizienz maximieren und kurzfristigen Profit garantieren

Offensichtlich brauchen wir beide Arten von Führung. Die transformationale Führung muss dabei jedoch das Hauptkonzept sein, da sie einen Bezugsrahmen schafft und die strategischen Grenzen setzt, innerhalb derer Transaktionen stattfinden. Wenn Führungskräfte und die Unternehmensspitze keine klaren Vorstellungen von den notwendigen Veränderungen haben, neigen sie dazu, sich auf gesellschaftliche und politische Tagesordnungen und Zeitpläne zu konzentrieren.

Die transformationale Führung verfolgt das Ziel, Menschen und Organisationen buchstäblich zu »transformieren«, sie in ihren Köpfen und Herzen zu verändern; den Weitblick, den Tiefblick und das Verständnis zu stärken; Ziele zu klären; das Verhalten an Überzeugungen, Prinzipien oder Werten auszurichten und Veränderungen herbeizuführen, die dauerhaft sind, sich selbst erhalten und Dynamik erzeugen.

Ich bin davon überzeugt, dass einzelne Menschen weitreichende Veränderungen anstoßen können, und zwar in jeder Situation und in jedem Unternehmen. Diese Menschen lassen Neues entstehen. Führungskräfte, die zum Wandel beitragen wollen, brauchen Visionen, Initiativgeist, Geduld, Respekt, Durchhaltevermögen, Mut und Vertrauen.

Kapitel 20

Unternehmensverfassungen

Eine schriftliche Unternehmensverfassung kann für den einzelnen Mitarbeiter ebenso wie für die Organisation ein wertvolles Dokument sein. Schon Thomas Jefferson meinte zur Bedeutung der amerikanischen Verfassung: »Unsere schriftliche Verfassung bietet uns ein ganz besonderes Maß an Sicherheit.«

Aussagen über persönliche und unternehmerische Ziele versetzen uns in die Lage, selbstbestimmter zu leben und dadurch zu mehr innerer Sicherheit zu gelangen.

Solche Aussagen, in denen Normen gesetzt und Ziele zementiert werden, müssen auf breiter Basis erarbeitet werden. Erfahrungsgemäß bringt jedes Unternehmen, das seine Mitarbeiter bewusst an der Formulierung seiner Ziele beteiligt, eine gute Verfassung hervor. Übrigens ist dieses Prinzip auch für die Gesellschaft als Ganze wichtig: Regieren (Führen) durch möglichst breiten Konsens.

Ein Beispiel dafür ist die Pillsbury Company, ein schnell wachsendes, diversifiziertes Unternehmen, dessen Größe sich im vergangenen Jahrzehnt beinahe verdreifacht hat. Unter den Führungskräften machte sich immer mehr das unangenehme Gefühl breit, dass »die Weiterentwicklung der Mitarbeiter mit dem Wachstum der Firma nicht Schritt hielt. Sie wurden überrollt. Deshalb dachten wir, es müsse irgendeine Aussage geben, wofür Pillsbury eigentlich stand. Sie sollte einfach und kurz sein und es den Mitarbeitern ermöglichen, ein Ideal zu haben, Risiken einzugehen, kreativ zu denken. Wir stellten uns vor, dass die eher konservative und bürokratische Unternehmenskultur menschenorientierter, innovativer und freier werden musste.«

Pillsbury benötigte ein Jahr für das Vorhaben. Die zweihundert Manager der oberen Führungsebene arbeiteten mit Vertretern des gesamten Unternehmens eine Verfassung aus, in der das dem Unternehmen zugrundeliegende Leitbild, seine Ziele und Wertmaßstäbe auf einer Schreibmaschinenseite umrissen wurden.

Hat sich die Mühe gelohnt? Virginia Ward, Personalleiterin, meint: »Wir haben das Gefühl, dass jeder Einzelne die Ziele und Werte des Unternehmens verinnerlicht hat und sie unterstützt. Wir sind in der Menschenführung effektiver, weil wir uns nach Prinzipien richten. Wir sehen der Zukunft mit viel Optimismus entgegen.«

Eine Aussage über das Unternehmensleitbild bündelt die Energien der Mitarbeiter und gibt ihnen eine gemeinsame Richtung vor. Neben dem beruflichen wird auch das private Leben zielgerichteter, weil kein Geld und keine Mühe mehr an Dinge verschwendet werden, die es nicht wert sind.

Unter solchen Vorzeichen können Sie große Fortschritte auf dem Weg zu sich selbst machen. Wenn Ihre Sicherheit bisher auf den Schwächen von anderen beruhte, sind Sie im Grunde ein Opfer Ihrer eigenen Schwäche. Genauso verschaffen Sie Ihren Konkurrenten und nicht sich selbst einen Vorteil, wenn Sie auf deren Schwächen bauen. In sich selbst zu ruhen und nach den eigenen Überzeugungen zu handeln, bedeutet dagegen, sich von äußeren Einflüssen zu befreien. Sie fangen an, Ihr Leben selbst zu gestalten.

Das Unternehmensleitbild kann und sollte sich zu einem Rahmen entwickeln, innerhalb dessen die Führungsarbeit stattfindet. Überprüfen Sie ihre Leitsätze in regelmäßigen Abständen und fragen Sie sich: »Tun wir alles, was im Rahmen unserer Möglichkeiten steht? Beugen wir Problemen vor?« Ein Management, das sich im Netz der akuten Probleme verfängt, verkommt zum Krisenmanagement. Bald scheint das ganze Leben nur noch aus einem einzigen riesigen Problem zu bestehen. Verbitterung und Resignation machen sich breit.

Wir wurden einmal von einem Unternehmen konsultiert, das mehr Kostenbewusstsein schaffen wollte. Ein Programm wurde ins Leben gerufen, die Mitarbeiter wurden kostenbewusst, sie vergaßen jedoch, sich um neue Aufträge zu kümmern. Nun wurde die Losung ausgegeben, neue Aufträge zu akquirieren. Schließlich waren die Mitarbeiter davon so in Anspruch genommen, dass die internen Beziehungen darunter litten. Die nächste große Aktion hieß also, die zwischenmenschlichen Beziehungen zu verbessern. Die Programme vermehrten sich so inflationär, dass sie am Schluss kaum noch zur Kenntnis genommen wurden. Stattdessen verzettelten sich die Mitarbeiter in Intrigen, es kam zu Cliquenbildungen, und jeder verfolgte nur noch seine Interessen.

Nach dem gleichen Muster wird oft auch in Familien gehandelt. Anstelle von festen Grundsätzen und gegenseitigem Wohlwollen beherrschen

Ad-hoc-Lösungen und das Belohnungsprinzip das Familienleben. Wenn der daraus resultierende Stress und Druck unerträglich werden, kommt es zu unverhältnismäßig starken Reaktionen, oder die Beteiligten ziehen sich verbittert zurück. Die Kinder lernen daraus, dass Probleme so gelöst werden – durch Kampf oder Flucht. Dieses Muster kann sich über Generationen fortsetzen. Hier hilft die Ausarbeitung einer Familienverfassung, die das Problem an der Wurzel packt.

Langfristige Ergebnisse werden dabei nur möglich, wenn Sie sich mit wichtigen Grundwerten und Zielen identifizieren und Ihr Handeln darauf abstimmen. Auf dieser Grundlage können Sie alle weiteren Schritte aufbauen. Jede Familie braucht einen zentralen, unveränderlichen Punkt in der Aussage über ihre Ziele. Fragen Sie sich: »Was ist uns wichtig? Worum geht es in unserer Familie? Wofür stehen wir? Wo liegt unsere Berufung, und was ist unser Daseinsgrund?«

Mit gemeinsamen Zielen, Werten und einer Vision lässt sich jede Situation meistern, weil man Probleme auf eine reife und vernünftige Weise angeht. Visionen durchdringen ein Unternehmen und prägen es.

Prinzipien sind zeitlose, universale Gesetze, aus denen Sie immer wieder Kraft schöpfen können. Wer Prinzipien verinnerlicht hat, ist in der Lage, Probleme unter unendlich vielen Bedingungen zu lösen. Im Gegensatz dazu handeln Menschen, die nur ganz bestimmte Formen des Handelns verinnerlicht haben, nur unter den ihnen bekannten Bedingungen effektiv.

Prinzipien stellen sich immer wieder selbst unter Beweis, weil sie allgemeine Wahrheiten verkörpern. Wenn wir ein korrektes Prinzip erst einmal als solches anerkannt haben, wird es uns bald so vertraut sein, dass es fast zum »gesunden Menschenverstand« zu gehören scheint. Leider verwerfen wir Prinzipien oft viel zu früh, statt zu überlegen, ob sie uns von Wert sein könnten.

Dies wird besonders deutlich, wenn wir über die Prinzipien reden, die für die Ausarbeitung von Verfassungen im Privatleben und in Unternehmen wichtig sind. Manche Prinzipien sind uns so selbstverständlich, dass wir gar nicht mehr über sie nachdenken, bei anderen ist dies nicht der Fall. Prozesse und Prinzipien sind voneinander abhängig und ergänzen sich.

Eine Aussage über Ihre Lebensziele verhilft Ihnen zu mehr Zufriedenheit und Erfolg, weil sie Schlüsselfragen wie etwa »Was möchte ich tun?« und »Was möchte ich sein?« beantwortet. Erfolg bedeutet ja letztendlich nichts anderes, als der Mensch zu werden, der man sein möchte, und die Dinge zu tun, die man tun möchte.

Gleiches gilt für ein Unternehmen. Wenn Unternehmen keine klare Identität haben und kein überzeugendes Leitbild vorweisen können, erreichen sie weit weniger als möglich wäre. Es genügt nicht, nur die unmittelbaren Ziele zu erreichen. Um das brachliegende Potenzial in einem Unternehmen freizusetzen und die höchstmögliche Produktivität zu erzielen, muss man den Schwerpunkt nicht nur auf das Tun, sondern auch auf das Sein legen. Aus diesem Grund behandelt die Unternehmensverfassung auch die Frage nach dem Warum.

Diese Aussage wird durch unsere Beratertätigkeit für Walt Disney illustriert. Walt war natürlich das Herz des Unternehmens. Nach seinem Tod vor vierzig Jahren konzentrierte sich die Disney Corporation darauf, seinen bis dahin ehrgeizigsten Traum zu realisieren, das Epcot Center. Nach der Fertigstellung des Centers musste das Produktions- und Entwicklungsteam von 2200 Mitarbeitern auf etwa 500 reduziert werden. Die Moral der Truppe sank auf den Nullpunkt.

Schließlich taten sich einige Mitarbeiter zusammen und formulierten ein Leitbild für die Ziele des Unternehmens, weil sie dachten, so könnte ein neues Wachstum in Gang kommen. Die Resonanz der übrigen Mitarbeiter war jedoch sehr verhalten – sie konnten sich nicht mit den Zielen identifizieren, weil sie an deren Ausarbeitung nicht beteiligt gewesen waren. Nach diesem Misserfolg begann ein monatelanger Prozess mit dem Ziel, ein neues Leitbild zu formulieren. Im Unterschied zum vorangegangenen Versuch waren nun sämtliche Ebenen des Unternehmens beteiligt. Heute sind die Mitarbeiter samt und sonders begeistert von dem neuen Unternehmensleitbild. Es lautet: »Wir wollen nicht imitieren, was die großen Meister vor uns vollbracht haben. Aber wir machen ihre Ziele zu den unseren.« Es war offensichtlich: Ohne den gemeinsamen Anspruch hätte das Unternehmen stagniert.

Erst eine Aussage über das Unternehmensleitbild gibt dem Unternehmen einen Sinn – und Sinn wiederum ist etwas, was jeder Beschäftigte für seine Arbeit beansprucht. Heutzutage gehen die Bedürfnisse in der Arbeitswelt über die nackte Existenzsicherung hinaus. Auch behält kaum jemand seine Stelle nur deshalb, weil der Chef ihn anständig behandelt. Es reicht nicht aus, seine Talente einzubringen und einen Teil seines Potenzials zu nutzen. Die Menschen möchten wissen, warum. Sinn ist in der heutigen Zeit der wesentliche Faktor für wirtschaftlichen Erfolg.

Dasselbe gilt auch für Staaten. Die Unabhängigkeitserklärung und die Verfassung der Vereinigten Staaten von Amerika definieren, was die Bürger wollen, was sie erreichen möchten und warum sie das möchten. Die zugrundeliegenden Prinzipien der Verfassungsmäßigkeit, des Individualismus und des freien Willens sind bis zum heutigen Tag die tragenden Säulen der amerikanischen Gesellschaft.

Schreiben Sie Ihre eigene Verfassung

Für die Ausarbeitung einer eigenen Verfassung empfiehlt sich ein Vorgehen in vier Schritten: Erweitern Sie Ihre Perspektive, definieren Sie die Grundwerte, überprüfen Sie die Aussage auf ihre Motivationskraft, und überprüfen Sie ihre Realisierbarkeit.

- *Erweitern Sie Ihre Perspektive.* Wir sind im Privatleben und im Beruf so mit unseren Alltagspflichten befasst, dass es von Zeit zu Zeit notwendig wird, einmal innezuhalten und Distanz zu gewinnen. In regelmäßigen Abständen müssen wir uns auf das besinnen, was im Leben wirklich wichtig ist.

  Eine solche Perspektivengewinnung wird manchmal geplant, manchmal kommt sie auch unerwartet. Zu den ungeplanten Erfahrungen können der Tod eines geliebten Menschen gehören, eine plötzliche schwere Krankheit, ein finanzieller Rückschlag oder ein anderer Schicksalsschlag. In solchen Zeiten blicken wir auf unser Leben und stellen uns grundlegende Fragen. Was ist wirklich wichtig? Warum tun wir das, was wir tun? Was würden wir eigentlich tun, wenn wir es finanziell nicht nötig hätten, einer Arbeit nachzugehen? Diese Art der Selbstbeurteilung erweitert unsere Perspektive.

  Pro-aktive Menschen erweitern ihre Perspektive, indem sie Freunde und Kollegen bewusst um Stellungnahmen zu den unterschiedlichsten Fragen bitten. Sie überlegen: »Was ist für das Unternehmen am wichtigsten? Welchen Beitrag können wir leisten? Welchen Sinn hat das, was wir tun? Wozu sind wir hier? Was möchten wir sein? Was möchten wir tun?« Durch die Vielzahl der unterschiedlichen Ansichten wird der eigene Blickwinkel entscheidend erweitert. Wirkliche Synergie entsteht dann, wenn die Mitarbeiter versuchen, ihr Bestes zu geben, um das Unternehmen vorwärtszubringen. Synergie ist ein Prozess, in dessen Verlauf aus unterschiedlichen Standpunkten eine optimale Lösung hervorgeht.

Das »Management vor Ort« – bei Hewlett-Packard gang und gäbe – stellt eine weitere gute Möglichkeit dar, um den Horizont zu erweitern. Häufig reagieren die Mitarbeiter sehr zurückhaltend, weil sie denken, dass die Führungsspitze sowieso nicht auf sie hört; oder sie halten es gar für ein Risiko, überhaupt den Mund aufzumachen. Solche Widerstände können durch die Bildung von Diskussionsgruppen überwunden werden, die den expliziten Auftrag erhalten, Vorschläge zu bestimmten Fragen zu erarbeiten. Wenn die Mitarbeiter sehen, dass ihr individueller Beitrag tatsächlich ernst genommen wird, wollen sie automatisch mehr leisten.

Solche Prozesse erfordern Zeit. Perspektiven lassen sich nicht von heute auf morgen erweitern. In einem Großunternehmen sollte man deshalb mehrere Monate dafür ansetzen.

- *Definieren Sie die Grundwerte.* Ein Mitarbeiterteam sollte beauftragt werden, die Unternehmensziele vorläufig zu formulieren und dabei auch bisherige Erfahrungen einzubringen.

  Der Entwurf erhält dann die Überschrift »Diskussionsgrundlage« und wird sämtlichen Mitarbeitern vorgelegt. Damit soll zum Ausdruck gebracht werden, dass die endgültige Formulierung der Ziele die Sache aller ist und so präzise wie möglich sein muss. Eine schwammig definierte Aussage erschwert den Entscheidungsfindungsprozess. Die besten Aussagen über Unternehmensziele entstehen dann, wenn Menschen sich respektieren, wenn sie ihre unterschiedlichen Ansichten zum Ausdruck bringen und gemeinsam etwas Besseres schaffen als das, was ein Einzelner zustande gebracht hätte.

- *Überprüfen Sie die Aussage auf ihre Motivationskraft.* Nehmen Sie sich einen Entwurf vor, der schon in einem fortgeschritteneren Stadium ist, und überlegen Sie: »Steht der Inhalt in Einklang mit meinen Werten? Begeistert und motiviert er mich? Spricht er Herz und Seele des Unternehmens an? Stellt er einen optimalen Konsens dar?«

  Stellen Sie sich die Verfassung als Schnittmenge von zwei Kreisen vor. Der eine Kreis stellt das Wertesystem des Unternehmens dar, der andere das Wertesystem des einzelnen Mitarbeiters. Je größer die Schnittmenge ist, umso effektiver kann das Unternehmen arbeiten und umso gelungener ist die Aussage über die Ziele.

- *Überprüfen Sie die Aussage auf ihre Realisierbarkeit.* Nachdem die ersten drei Schritte getan wurden, haben die meisten Menschen noch das Bedürfnis, die Aussage über eine gewisse Zeit hinweg an der Wirklichkeit zu messen. Da die gemeinsam definierten Werte Herz und Seele eines Unternehmens sind, sollten sich die Unternehmenspolitik, die Programme, Strategien, Strukturen und Systeme in Übereinstimmung mit ihnen befinden. Anders können sie nicht in die Realität umgesetzt werden.

Im Lauf der Zeit wird immer deutlicher werden, dass die Definition der Unternehmensverfassung eine sehr wichtige Rolle in der Weiterentwicklung des Unternehmens spielt. Die beteiligten Mitarbeiter erweitern ihre Perspektive, setzen neue Schwerpunkte und geben abgenutzten Phrasen neuen Sinn.

Eine Verfassung schafft Kontinuität. Diese ist umso stabiler, je mehr partizipative Elemente in ihre Ausarbeitung eingebaut wurden. Sie bietet langfristige Sicherheit und verhilft den Führungskräften zu einem Wettbewerbsvorteil, weil sie eine feste Richtung und ein Ziel haben. Wenn die Werte des Einzelnen mit denen des Unternehmens harmonisieren, stehen die Zeichen gut, dass die Mitarbeiter die für richtig befundenen Ziele gemeinsam erreichen. Sie sind im Team leistungsfähiger als alleine. Unternehmen, in denen solche Voraussetzungen herrschen, verzeichnen mitunter erstaunliche Produktivitätssteigerungen.

Ein fortwährender Prozess

Im Verlauf der Persönlichkeitsentwicklung können sich Ihre Perspektiven und Wertvorstellungen immer wieder ändern. Deshalb ist es wichtig, dass die Aussage über Ihre Ziele mit Ihren Werten in Einklang steht. Dabei helfen Ihnen einige Fragen:

- Beruht die Aussage über meine Ziele auf den Prinzipien, nach denen ich derzeit lebe?
- Würdigt sie meine Fähigkeiten in ausreichendem Maß?
- Hilft mir die Aussage dabei, Prioritäten zu setzen? Kann sie mich motivieren? Bietet sie erstrebenswerte Ziele und Aufgaben?

- Weiß ich, welche Strategien und Fähigkeiten mir dabei helfen, diese Ziele zu erreichen?
- Was muss ich heute tun, um dorthin zu gelangen, wo ich morgen sein möchte?

Vergessen Sie nicht, dass Sie in Ihrem Leben nur die Ziele erreichen können, die Sie sich auch gesteckt haben. Eine Verfassung kann Ihnen helfen, Ihre besten Seiten zu leben und jeden Tag das Beste zu leisten.

Kapitel 21

Ein allgemeingültiges Leitbild

Vielleicht möchten Sie Ihre privaten und beruflichen Ziele in eine alles umfassende Erklärung bringen, die nur aus einem Satz besteht. In einer solchen universalen Aussage manifestiert sich der Anspruch einer Metaführung (anstelle der Makro- oder Mikroführung).

- *Meta.* Im Zentrum der Metaführung liegt die Frage nach der Vision und der Verantwortung für das Gemeinwohl – also nach denjenigen Bereichen, für die Ihnen als Führer und Manager Verantwortung übertragen wird.
- *Makro.* Im Zentrum der Makroführung liegen die strategischen Ziele und die Auswahl der geeigneten Strukturen und Prozesse, um diese Ziele zu erreichen.
- *Mikro.* Im Zentrum der Mikroführung liegen zwischenmenschliche Beziehungen und die Ausübung natürlicher Autorität – die Mitarbeiter entscheiden sich bewusst dafür, sich Ihrer Vision und Ihren Zielen zu verschreiben.

Effektive Manager der oberen Führungsebene verwenden den größten Teil ihrer Zeit und Energie auf die Meta- und Makroebene. Sie konzentrieren sich auf die Beziehungen zu denjenigen Menschen, mit denen sie am meisten zusammenarbeiten.

Die universale Aussage soll Unternehmensleitern helfen, ihrer Vision und ihrer Verantwortung für das Gemeinwohl einen für alle sichtbaren Ausdruck zu verleihen. Zu diesem Zweck werden die zentralen Werte des Unternehmens in einem kurzen Satz zusammengefasst. So entsteht ein Rahmen, der Sinn und Orientierung gibt.

Universale Aussagen sollten kurz und einprägsam sein. Gleichzeitig müssen sie alle wesentlichen Punkte enthalten. Dies scheint ein Widerspruch zu sein. Wie kann etwas kurz und umfassend zugleich sein? Das ist möglich, wenn das Allgemeingültige und Typische erfasst wird. In der Computerbranche gibt es beispielsweise den Trend, dass die Produkte umso einfacher werden, je mehr Fortschritte die Technik macht. Dieses Phänomen lässt sich auf universale Aussagen übertragen. Wenn eine Aussage zu Ihrer »Software« geworden ist, fangen Sie an, nach ihrer Maßgabe zu urteilen und zu handeln.

Das bedeutet nicht, dass die universale Aussage an die Stelle Ihrer Unternehmensziele treten soll. Sie gibt diesen jedoch eine Richtung vor und stellt die notwendigen Zusammenhänge her.

Die universale Aussage sollte alle langfristigen und kurzfristigen Verantwortungsaspekte ansprechen. Sie könnte sich auf alle Organisationen anwenden lassen, als ein allgemein angenommenes Bekenntnis für Führer von Unternehmen:

> ***Unser Ziel ist es, das wirtschaftliche Wohlergehen und die Lebensqualität aller am Erfolg des Unternehmens Beteiligten zu verbessern.***

Drei zentrale Elemente

Ich will nun auf die drei zentralen Bestandteile dieser Aussage eingehen.

1. *Wirtschaftliches Wohlergehen.* Warum sprechen wir die ökonomische Dimension zuerst an? Unternehmen werden nun einmal hauptsächlich zum Zweck der Gewinnerzielung gegründet. Die Arbeitsplätze im Unternehmen bieten den Mitarbeitern eine Existenzgrundlage, ersetzen aber weder die Familie noch den Verein noch andere Aspekte des Lebensumfeldes. Arbeitsplätze sollen Wohlstand schaffen und im Idealfall auch so gut bezahlt sein, dass man Steuern und alle anderen anfallenden Kosten begleichen kann. Die Produkte, die am Arbeitsplatz hergestellt werden, sollen das Leben erleichtern und verschönern.

   Manchmal verlieren wir diese simplen Tatsachen aus den Augen. Dies meinte auch Abraham Zaleznik, mein ehemaliger Professor an der

Harvard Business School, in seinem Artikel »Real Work« (*Harvard Business Review*, Januar/Februar 1989). Tom Peters und Bob Waterman heben denselben Punkt in ihrem Buch *Auf der Suche nach Spitzenleistungen* hervor: Unternehmen sind dazu da, um Produkte herzustellen und zu verkaufen. Ted Levitt, Autor von *Marketing Management*, betonte, dass Unternehmen bestehen, um Kunden zu gewinnen und zu behalten. Einfache, aber wichtige Gedanken.

2. *Lebensqualität.* Oft hört man in Unternehmen die Meinung, mit Fragen der Lebensqualität wolle man sich erst befassen, wenn die finanziellen Grundlagen gesichert seien. Das ist begreiflich und überdies auch historisch begründet: 90 Prozent aller Menschen beschäftigen sich wahrscheinlich nie mit Fragen der Lebensqualität, weil sie ums nackte Überleben kämpfen. In den Vereinigten Staaten aber haben schätzungsweise 50 Prozent der Menschen genügend Zeit und Energie, um sich mit solchen Fragen zu befassen. Dies ist einer der Gründe, warum wir so viele gesetzgeberische und soziale Initiativen haben, die mehr Erholung, Weiterbildung, Gesundheitsfürsorge und Freizeit fordern und ermöglichen. Die entsprechenden Wirtschaftszweige sind seit dem Zweiten Weltkrieg in Amerika kontinuierlich gewachsen.

Führungskräfte sollten sich durchaus mit der allgemeinen Lebensqualität ihrer Mitarbeiter befassen, aber ihre wichtigste Aufgabe lautet, die Qualität des Arbeitslebens zu fördern. Es gibt andere Institutionen – Schule, Familie, Vereine –, die besser dazu geeignet sind, auf den privaten Bereich einzuwirken.

Die Lebensqualität hat fünf Dimensionen:

- *Gemeinschaftsgefühl und Liebe.* Jeder Mensch möchte gerne Teil einer größeren Gemeinschaft sein und von ihr akzeptiert werden. Wir engagieren uns gerne mit anderen für einen gemeinsamen Zweck, bauen Win-win-Beziehungen auf und sehen die Liebe als einen Prozess des Gebens und des Nehmens.
- *Herausforderung und Wachstum.* Wir haben auch das Bedürfnis, unsere Fähigkeiten unter Beweis zu stellen, zu wachsen und uns weiterzuentwickeln, wichtige Aufgaben zu erfüllen und kreativ zu sein. Die überwiegende Mehrheit der Beschäftigten besitzt weit mehr Fähigkeiten, Intelligenz, Ressourcen und Initiative, als ihr jeweiliger Arbeitsplatz ihnen abverlangt oder zugesteht. Welch eine Verschwendung! Führungskräfte müssen Talente entdecken, entwickeln, nutzen

und anerkennen; andernfalls halten die Mitarbeiter Ausschau, wo sie mehr Zufriedenheit und Wachstumsmöglichkeiten finden können – sie suchen eine neue Stelle, oder sie treten den Rückzug in die innere Kündigung an.

- *Ziel und Sinn.* Jeder Mensch hat außerdem das Bedürfnis, ein Ziel vor sich zu haben und einen Sinn in dem, was er tut, zu erkennen. Wir können viel Geld verdienen, vielversprechende Entwicklungsmöglichkeiten ausprobieren und gute Beziehungen haben, aber wenn unsere Arbeit uns keine Zufriedenheit verschafft oder nicht konstruktiv zum Gemeinwohl beiträgt, fehlt uns echte Motivation.

Die wirtschaftliche Dimension erschließt sich aus äußeren Faktoren. Niemand arbeitet jedoch ausschließlich des Geldes wegen. Geld ist nur ein Mittel zum Zweck. Wir arbeiten auch, um innere Bedürfnisse zu befriedigen – durch die Art der Arbeit, die Beziehungen am Arbeitsplatz und den Beitrag zu einem höheren Ziel.

- *Gerechtigkeit und Chancen.* Die Grundwerte im Bereich der Motivation heißen Gerechtigkeit, was die äußere, finanzielle Seite, und Chancen, was die innere Befriedigung angeht. Frederick Herzberg, Professor an der University of Utah und Motivationsforscher, redet über »Unzufriedenmacher« und »Zufriedenmacher«, oder auch Motivatoren. Ein »Unzufriedenmacher« ist beispielsweise der subjektive Eindruck eines Mitarbeiters, er werde ungerecht bezahlt. Die Folge der Unzufriedenheit ist – vor allem, wenn es um höhere Bedürfnisse geht –, dass der Mitarbeiter das Unternehmen auf die eine oder andere Art sabotiert, um einen inneren Ausgleich herzustellen. Aus diesem Grund sind die Fragen des »wirtschaftlichen Wohlergehens« und der »Lebensqualität« so eng miteinander verknüpft.
- *Die richtige Balance.* Was geschieht, wenn Mitarbeiter zwar gerecht behandelt und bezahlt werden, aber wirkliche Herausforderungen vermissen und keinen Sinn in dem sehen, was sie tun? Sie verlangen noch mehr Geld, noch mehr Gegenleistungen und noch mehr Freizeit, weil sie glauben, damit ihre Interessen und Bedürfnisse wenigstens außerhalb des Berufslebens befriedigen zu können. Die wahre Herausforderung in der Führungsarbeit besteht deshalb darin, anzuerkennen, dass die Bedürfnisse der Mitarbeiter untrennbar mit der Nutzung ihrer Fähigkeiten verknüpft sind. Führungskräfte, die diesen Zusammenhang nicht sehen, werden bald feststellen, dass ihre Mitarbeiter nicht für sie, sondern gegen sie arbeiten.

Ein Beispiel: Das Unternehmen, in dem Sie arbeiten, motiviert seine Mitarbeiter mit einem Leitbild, das nur wirtschaftliche Aspekte anspricht, alle sozialen, psychologischen und geistigen Dimensionen jedoch ausklammert. Damit werden Sie geradezu ermuntert, entweder einer Nebenbeschäftigung nachzugehen oder ihre Energien darauf zu richten, mehr Geld zu verdienen oder mehr Freizeit zu bekommen, damit Sie Ihren viel befriedigenderen außerberuflichen Interessen besser nachkommen können.

3. *Alle am Erfolg des Unternehmens Beteiligten.* Unsere am Anfang des Kapitels zitierte universale Aussage spricht alle am Unternehmenserfolg beteiligten Menschen an. Wer ist damit genau gemeint? Es sind dies all diejenigen, die in irgendeiner Form die Auswirkungen zu spüren bekommen, wenn das Unternehmen in Schwierigkeiten gerät.

Das fängt bei den Firmeninhabern an, die möglicherweise ihre gesamten Ersparnisse in das Geschäft gesteckt haben. Sie leiden am meisten unter einem Fehlschlag. Während entlassene Mitarbeiter sich neue Stellen suchen können, sind die Inhaber vielleicht völlig ruiniert und stehen, erdrückt von Schuldenbergen, vor einem unfreiwilligen Neubeginn. In anderen Fällen haben die Firmeninhaber vorgesorgt und auf eine starke Diversifizierung gesetzt. Auf diese Weise wirkt sich das Scheitern einzelner Beteiligungen nicht sofort existenzbedrohend aus. Dafür leiden die Beschäftigten unter Umständen umso mehr, vor allem, wenn es sich um hoch spezialisierte Mitarbeiter handelt, die dann mit der »falschen« Ausbildung in einer Stadt festsitzen, die von einem einzigen Industriezweig beherrscht wird. Auch die Zulieferer können massiv in Mitleidenschaft gezogen werden, wenn die Aufträge ausbleiben. Der Dominoeffekt wirkt sich noch auf viele andere Menschen in der Umgebung eines Unternehmens aus.

Wer ein Unternehmen führt, benötigt also sehr viel Urteilsvermögen und ein ausgeprägtes Verantwortungsgefühl für alle diejenigen, die mit dem Erfolg des Unternehmens in Verbindung stehen – Kunden, Zulieferer, Verkäufer, Händler und viele andere mehr. Versäumnisse in diesem Bereich schaffen schnell ein Klima der Verbitterung. Unternehmensleiter, die nur den eigenen finanziellen Vorteil verfolgen, wecken leicht das Interesse der Medien, und sie schaden vielen anderen Unternehmen der gleichen Branche.

Darüber hinaus sollten Unternehmensleiter ein ausgeprägtes Verantwortungsbewusstsein für soziale Probleme haben und auch die Unternehmensangehörigen zu sozialem Engagement anhalten. John Pepper, Vorstandsvorsitzender von Procter & Gamble, bat mich einmal darum, vor dem Cincinnati School Board über einige gesellschaftlich relevanten Fragen zu reden, die ihm sehr wichtig waren. Andere Unternehmensführer fordern ihre Mitarbeiter beispielsweise dazu auf, sich freiwillig für soziale Zwecke zu engagieren. Sie sehen darin eine Chance, über das Unternehmen hinaus einen günstigen Einfluss auf einzelne Menschen, aber auch auf das wirtschaftliche Klima insgesamt auszuüben.

Ich habe nun auch deutlich gemacht, dass mit allen am Unternehmen Beteiligten nicht nur die Aktionäre gemeint sind. Trotzdem zielen die meisten Aussagen über das Leitbild hauptsächlich auf die Aktionäre ab – genauer gesagt, auf die Dividende. Ein Grund dafür ist der, dass die Anteile vieler Unternehmen von Kleinaktionären gehalten werden, die fest mit den jährlichen Ausschüttungen rechnen. Aber es ist wie mit dem Huhn, das goldene Eier legt: Wenn wir kurzfristig denken und das Huhn schlachten, bekommen wir keine goldenen Eier mehr – und das schmerzt nicht nur die Aktionäre, sondern alle Beteiligten.

Ein Unternehmer führte einmal seine obersten Führungskräfte zu einem Aussichtspunkt, von dem aus sie einen wunderbaren Blick ins Tal hatten. Er sagte: »Ich schätze sehr, was Sie in all den Jahren getan haben, und deshalb möchte ich, dass Sie Folgendes wissen: Wenn Sie weiterhin so loyal und produktiv sind, wird all dies eines Tages mir gehören.« Auch solche Unternehmensleitbilder gibt es leider. Ein großes Unternehmen hatte sogar formuliert, es wolle »das Vermögen seiner Anteilseigner mehren«.

Es gibt eine Art von sozialem Gewissen in Unternehmen, an dem sich ablesen lässt, wie die Konzepte der Gerechtigkeit und Fairness definiert werden. Wenn Mitarbeiter sehr viel Engagement zeigen, dafür aber nicht belohnt werden, schadet sich das Unternehmen selbst. Aber auch der umgekehrte Fall stellt eine Ungerechtigkeit in der sozialen Ökologie dar – und auch er wird sich letztendlich negativ auswirken.

Aus diesen Gründen erfordert die Metaführung ein ausgeprägtes Verantwortungsbewusstsein, ein Verständnis für Zusammenhänge und die Fähigkeit, eine Interessenbalance herzustellen. Metaführung ist kein transaktionales Konzept. Die Human-Resource-Philosophie definiert die Menschen als Aktivposten, als Ressourcen im Unternehmen. Aber sie sind nicht nur das, sondern sie stellen auch einen Wert an sich dar. Wer den Menschen keinen eigenen, von Kosten- und Nutzenrechnungen unabhängigen Wert zugesteht, vertritt eine utilitaristische Theorie. Dann ist man »nett« zu seinen Mitarbeitern, weil sie wichtige Aktivposten sind, aber im Grunde ist eine solche Haltung eine Beleidigung für ihr Selbstwertgefühl. Letztendlich liegt der Human-Resource-Philosophie ein transaktionales Führungskonzept zugrunde – es sieht keine Entwicklung vor und erzeugt keine Synergie.

Der prinzipienorientierte Ansatz in der Führung dagegen ist geradezu zwangsläufig transformational. Er geht davon aus, dass Menschen sich nicht passiv mit ihren zufällig vorhandenen Persönlichkeitszügen abfinden müssen, sondern dass sie sich stattdessen an zeitlosen, korrekten Prinzipien orientieren sollten. Ganz besonders gilt dies, wenn die Prinzipien in ein Unternehmensleitbild eingebettet sind und im Führungsstil und in der Führungspraxis, in den Strategien und den innerbetrieblichen Abläufen des Unternehmens deutlich zum Ausdruck kommen. Die Mitarbeiter gewinnen dann den Eindruck, dass »hier Prinzipien gelten«, und zwar für alle, einschließlich der Manager auf den Top-Etagen.

An einem neuen Organisationsplan könnte dies gut veranschaulicht werden: Im Zentrum stehen die korrekten Prinzipien und am Rand die verschiedenen Bereiche, in denen Verantwortung getragen wird. Der Unternehmensleiter und alle anderen müssen Rechenschaft darüber ablegen, ob sie sich in ihrer Arbeit an den Prinzipien orientiert haben.

Ich möchte behaupten, dass die universale Aussage unabhängig davon, ob sie schon schriftlich festgehalten wurde, überall Auswirkungen hat. Gegen den Grundsatz, dass wir alle in einer einzigen großen Wirtschaftsgemeinschaft leben, kann man ebenso wenig ungestraft verstoßen wie gegen ein Naturgesetz.

Fünf große Vorzüge

Ich sehe fünf grundsätzliche Vorzüge, die eine universale Aussage bietet:

- *Ökologisches Gleichgewicht.* Eine universale Aussage fördert das ökologische Denken im Hinblick auf alle Beteiligten. Wenn Sie die Prinzipien der Veränderung beachten, werden alle Beteiligten von den daraus entstehenden Synergieeffekten profitieren.

- *Kurzfristige und langfristige Perspektive.* Die universale Aussage berücksichtigt die Tatsache, dass das Huhn keine goldenen Eier mehr legt, wenn Sie kurzfristig denken und es schlachten.
- *Berufliche Herausforderung.* Die wenigen Worte, aus denen die universale Aussage besteht, stellen eine Herausforderung dar, an der eine Führungskraft in ihrem gesamten Berufsleben zu arbeiten hat.
- *Führungskontext.* Innerhalb der Parameter der universalen Aussage können Sie die Unternehmenspolitik, die Strategien und Strukturen sinnvoll festlegen.
- *Persönliches Verantwortungsbewusstsein.* Die universale Aussage erzeugt Verantwortungsbewusstsein für Menschen und Ressourcen.

Auch hier wieder meine ich, dass die universale Aussage eher das Management betrifft und weniger das Unternehmen; auch wenn die Führungskräfte sie gerne in das Leitbild ihres Unternehmens integrieren würden. Vielleicht möchten sie die Konzepte auch gerne in ihre Aussagen über die privaten und familiären Ziele aufnehmen. Jede menschliche Gemeinschaft sollte ein eigenes Leitbild formulieren. Aber sie sollte dann eine Erweiterung der universalen Aussage sein:

Unser Ziel ist es, das wirtschaftliche Wohlergehen und die Lebensqualität aller am Erfolg des Unternehmens Beteiligten zu verbessern.

Epilog

Die Kunst des Angelns

Seit vielen Jahren bin ich von der Richtigkeit des folgenden Leitbildes überzeugt:

> ***Gib einem Hungrigen einen Fisch,***
> ***und du machst ihn einen Tag lang satt.***
> ***Lehre ihn zu angeln,***
> ***und er wird den Rest seines Lebens satt sein.***

Dieser alte Grundsatz hat seine Gültigkeit nicht verloren. Wir setzen ihn nun sogar in unseren Trainings ein. Das Ziel heißt dabei immer, die Führungskräfte »die Kunst des Angelns« zu lehren.

Ein Angler muss sein Verhalten stets auf das jeweilige Gewässer abstimmen: Im Führungstraining ist damit das Umfeld eines Unternehmens gemeint, etwa die schnell wechselnden Marktbedingungen. Es gibt auch hier unterschiedliche »Gewässer«: die Unternehmensstrukturen, die Muttergesellschaft, der Markt, die Regierung und die Öffentlichkeit. Wirtschaftlicher Erfolg ist von vielen Faktoren abhängig. Ihr Unternehmen wird in dem Maße Erfolg haben, wie die Strategie, die Systeme und die gemeinsamen Werte mit dem Umfeld harmonieren.

Regel eins und Regel zwei

Es scheint ja nicht schwer zu sein, die Bedingungen eines Unternehmensumfelds – des Gewässers – zu interpretieren. Aber wie beim Angeln benötigt man auch hier oft ein ganzes Leben, um die Feinheiten zu beherrschen.

Grafik 10: Das Paradigma der prinzipienorientierten Führung: Die vier Ebenen und zentralen Prinzipien

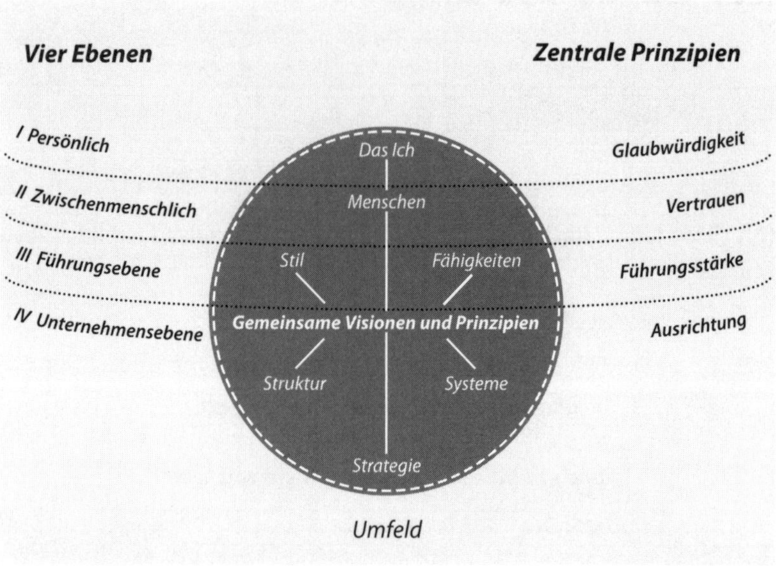

©FranklinCovey

Wenn ich Führungskräften beibringe, wie sie angeln sollen, nehme ich oft eine einfache Regel zu Hilfe. Ich nenne sie »Regel eins und Regel zwei«. Die gemeinsamen Werte oder vorherrschenden Grundsätze eines Unternehmens sollten stets die oberste Richtschnur des Denkens und Handelns sein – das ist Regel eins. Regel zwei besagt, dass alle anderen Faktoren – Strategie, Struktur, Systeme, Fähigkeiten und Stil – davon abzuleiten sind. Das bedeutet, dass sie mit den Werten und der Realität in Einklang stehen müssen.

Im Modell des Paradigmas der prinzipienorientierten Führung wird deutlich, dass die gemeinsamen Werte eine zentrale Stellung einnehmen. Führungskräfte, die eindeutig formulierte und akzeptierte gemeinsame Werte haben (Leitbilder, Rollen und Ziele), sind viel besser in der Lage, auf die Bedingungen des sie umgebenden Gewässers einzugehen, weil sie auf einer festen, unveränderlichen Grundlage operieren: ihrem Wertesystem, ihren Prinzipien. Sie schöpfen ihre Sicherheit nicht aus Äußerlichkeiten, sondern aus festen inneren Werten.

Im Gegensatz dazu bauen Unternehmen, denen ein gemeinsames Wertesystem auf der Grundlage korrekter Prinzipien fehlt, auf Sand. Sie fühlen sich damit zwar sicher, aber es ist eine trügerische Sicherheit. All die schönen Anglerpokale nützen ihnen nichts, wenn sie den Bezug zum Unternehmensumfeld verloren haben. Wer seine Stärke aus den Leistungen der Vergangenheit bezieht, bereitet langfristig nur der eigenen Schwäche den Weg.

Einmal stellte ich das Paradigma der prinzipienorientierten Führung und die Regeln eins und zwei der Führungsriege eines großen Versicherungsunternehmens vor. Als ich meine Ausführungen abgeschlossen hatte, meinten sie: »Wir müssen eine Quelle gemeinsamer Werte schaffen, damit wir die nötige Freiheit und Kraft gewinnen, um das zu ändern, was bei uns zu ändern ist.«

Zu diesem Zweck empfahlen wir ihnen, ein Leitbild zu formulieren. Wir halfen ihnen dabei, es fest im Unternehmen zu verankern, damit niemand mehr in die alten Gewohnheiten zurückfiel. Manchen Führungskräften fiel dieser Wandel nicht leicht. Ein Manager sagte zu mir, dass er nach vielen inneren Kämpfen nun zu der Überzeugung komme, dass er nach Prinzipien führen müsse. Dies sei der einzige Weg, um effektiv und mit langfristigem Erfolg »zu angeln«.

Angeln und Führen

Schon seit längerer Zeit beeindrucken mich die vielen Parallelen zwischen dem Angeln und dem Führen. Die Tätigkeit der oberen Führungskräfte lässt sich durchaus mit dem Angeln vergleichen: Sie berücksichtigen im Geschäftsalltag alle Faktoren, die auf ein Unternehmen einwirken, und suchen nach Wegen, um die gewünschten Ergebnisse »einzuholen«.

Meiner Meinung nach gibt es im Wesentlichen zwei Angelmethoden: die reaktive und die pro-aktive. Die reaktive Methode ist ein »Wartespiel«, wie es von Gene Hill treffend beschrieben wird:

> *Ich angle gerne mit einer künstlichen Fliege, um mir die Zeit zu vertreiben – mit Warten. Dafür erntet man sogar noch Anerkennung, während jemand, der sich in einer Hängematte ausstreckt oder ein Nickerchen hält, schlicht als faul gilt. Beim Angeln erweckt man den Eindruck, man widme sich einer wichtigen Tätigkeit. Das liegt an den vie-*

len Geräten – da sind die speziell getönte Brille, die Wasserstiefel, das Netz, ein kleiner Fangkorb und das Surren der Angelschnur, wenn sie durch die Führungsstäbe gleitet.

»Das ist ein Mann, der sich einer ernsthaften Tätigkeit widmet«, würde ein Vorbeigehender sagen, der mich wie einen Reiher am Wasser stehen sähe. Weit gefehlt. Was er sieht, ist ein verkleideter Faulpelz, ein Mann, der sich fragt, wo die Zeit nur geblieben ist. Nicht die vergangene Stunde, in der er einer Ente zugenickt oder über eine schlammfarbene Schlange philosophiert hat, sondern die vergangenen fünf oder zehn Jahre. Er denkt über seine Arbeit nach, die er unerledigt zurückließ, die Frauen, die er nicht geliebt hat, und darüber, dass er gestern noch ein Junge war.

In Wirklichkeit sind manche Führungskräfte diesem Angler sehr ähnlich – sie sind verkleidete Faulpelze. Pro-aktive Führungskräfte dagegen finden eher in der folgenden Beschreibung ein Spiegelbild:

Dauerhaft erfolgreiche Angler wissen, dass unterschiedliche Bedingungen unterschiedliche Verhaltensweisen erfordern. Sie sind flexibel und beobachten das Wasser, um die beste Stelle zu finden, an der sie die Angel auswerfen können. Sie stellen sich ganz und gar auf den Fisch ein. Häufig nähern sie sich dem Wasser langsam, bleiben geduckt, gehen vielleicht sogar in die Knie, wenn sie den Köder auswerfen.

Das ist ein Rat, den jeder Angler beherzigen sollte: geduckt bleiben und knien, während er die Schnur ins Wasser wirft. Weitere Kostproben aus diesem Handbuch:

Heutzutage kopieren viele Angler nur noch, was sie bei anderen sehen. Mit besonderer Vorliebe wiegen sie ihren Fang, verkünden Zahlen und sind geradezu verliebt in unwichtige Details. Sie wären aber besser dran, wenn sie auf diese Dinge völlig verzichten würden. Die wirklich guten Angler sind in der Regel so darin vertieft, zu angeln und die äußeren Einflüsse zu beobachten, dass sie gar nicht auf den Gedanken kämen, zu zählen und zu messen.

Effektive Führungskräfte interpretieren ihr Umfeld. Sie beobachten wirtschaftliche Trends und kulturelle »Megatrends«. Sie achten darauf, was die bekannten Trendforscher – wie Nalsbitt und Yankelovich – meinen, die regelmäßig über den Zustand der Wirtschaft berichten. So entwickeln sie im Lauf der Zeit ein Gefühl dafür, welche Trends von Bedeutung sind und welche Gegebenheiten sich aller Voraussicht nach verändern werden.

Die Bewertung von Trends dient im Grunde einem ähnlichen Ziel wie die tägliche Wettervorhersage: Wir wollen uns auf das vorbereiten können, was der nächste Tag bringt. Wenn wir von einem Regenschauer überrascht werden, ärgern wir uns, dass wir nicht an einen Schirm und einen Regenmantel gedacht haben. Ebenso ist es wichtig, für den richtigen Schutz zu sorgen, wenn eine Rezession bevorsteht, damit wir nicht durchnässt werden. Aber zurück zum Handbuch:

> *Die Auswahl der Angel, der Schnur und der Geräte hängt davon ab, wie und wo Sie angeln. Dabei sind Dinge wie die Strömungsstärke, die Wassertiefe und die Einholgeschwindigkeit zu berücksichtigen. Wenn Sie in verschiedenen Gewässern angeln, besitzen Sie mehr als eine Angelschnur. Besondere Aufmerksamkeit gebührt der Leitschnur, dem wichtigsten Bestandteil Ihres Angelzubehörs.*

Sobald Sie bemerken, dass ein Trend eine neue Richtung nimmt, heißt es, sich anzupassen – die internen Abläufe mit dem Umfeld in Einklang zu bringen. Die wichtigsten Veränderungen im Umfeld, auf die man achten muss, sind neue Chancen und Gefahren. Eine Gefahr ist beispielsweise dann gegeben, wenn Ihre Produktlinie auf dem Markt nicht mehr angenommen wird. Neue Chancen tun sich auf, wenn der Trend auf neue Produktlinien, eine neue Technologie oder einen neuen Markt hinweist. Verpasste Chancen wiederum stellen manchmal auch eine Gefahr dar.

Zu den größten Problemen, denen ich immer wieder in Unternehmen begegne, gehört das Versäumnis des Managements, Struktur und Systeme an sich verändernde Rahmenbedingungen anzupassen. Die Verantwortlichen sehen ihr Umfeld immer nur durch die gewohnte Brille und erkennen deshalb unbekannte Chancen und Gefahren nicht.

Aber selbst wenn sie eine Veränderung erkennen, halten sie an den falschen Arbeitsmethoden fest, sie belasten sich durch zu hohe Gemeinkosten oder dulden eine allzu schwerfällige Bürokratie. Mit ihrer Unflexibilität hemmen sie jede Weiterentwicklung. Kurzsichtigkeit, Schuldenlast oder zu viel Ballast halten sie davon ab, neue Wege zu gehen und sich neuen Gegebenheiten anzupassen. Noch einmal zurück zum Handbuch.

Um langfristig erfolgreich zu sein, muss ein Angler etwas von Geschichte, Biologie, Geografie, Ökologie und natürlich von der Angelstrategie und -taktik verstehen. Außerdem würde den meisten von ihnen auch ein Schnellkurs in Insektenkunde guttun, weil beispielsweise beim Forellenfang die natürlichen Nahrungsquellen mit Kunstfliegen nachgeahmt werden. Die Forelle ist klug, vorsichtig, schwer zu täuschen und stur: Einen Köder, der mehr einem Hut als einer Köcherfliege ähnelt, rührt sie nicht an.

Es ist nicht anzunehmen, dass General Motors nie bemerkt hatte, dass die billigen, hochwertigen japanischen Autos immer höhere Marktanteile gewannen. In Detroit wurde dieser Trend durchaus zur Kenntnis genommen, aber es wurden nicht die richtigen Konsequenzen gezogen. Das Hauptproblem bestand darin, dass alle Systeme, vor allem die Gehaltsstrukturen für die Top-Führungskräfte, darauf ausgerichtet waren, große Autos zu verkaufen. Es wurden also weiterhin große Autos hergestellt, weil das System es so wollte.

Schließlich klaffte die Schere zwischen den alten Strukturen und den neuen Gegebenheiten so weit auseinander, dass niemand mehr die Augen vor den notwendigen Veränderungen verschließen konnte. Es war, als spielte man Golf mit einem Tennisschläger.

Im Rückblick betonen die Führungskräfte von General Motors, dass sie in den darauffolgenden harten Jahren viel gelernt haben. Durch beharrlich betriebene Teamentwicklung gelang es ihnen, ihre Wettbewerbsfähigkeit wiederzuerlangen und sich erneut eine gute Position auf dem Weltmarkt zu sichern. Sie sagen sogar, dass ein langfristiges Bestehen im Wettbewerb nur möglich ist, wenn man durch solch harte Zeiten gegangen ist. Damit haben sie Recht. Jede Branche – von der Stahlproduktion bis zum Gesundheitswesen – muss die Kunst des Angelns erst einmal lernen.

Aber wie? Zunächst einmal sollten Sie Flexibilität höher bewerten als die bedingungslose Unterordnung unter Strukturen und Systeme. Was einmal für richtig befunden wurde, muss es nicht für alle Ewigkeit bleiben. Oft sträuben wir uns gegen Veränderungen nur deshalb, weil wir dann liebgewordene und vertraute Gewohnheiten aufgeben müssten. Es gibt jedoch keine größere Gefahr als die, Veränderungen grundsätzlich abzulehnen.

Mit Erfolg scheitern

Ein weiterer Grundsatz spielt für mich eine wichtige Rolle: Mit Erfolg kann man scheitern. Die ganze Menschheitsgeschichte kann im Grunde auf eine einzige Formel gebracht werden: Herausforderung/Reaktion.

Sobald ein Umfeld – die Herausforderung – sich verändert, funktioniert die bisher so erfolgreiche Reaktion nicht mehr, sondern sie versagt. Genau das meine ich, wenn ich sage, dass man mit – bisherigem – Erfolg scheitern kann. Der Historiker Arnold Toynbee hat dieses Phänomen geschichtlich dokumentiert. Er stellte fest, dass man neuen Herausforderungen viel zu oft mit altbekannten Reaktionen begegnet, weil der Mensch dazu neigt, an Vertrautem festzuhalten. Man hat sich an einen bestimmten Lebensstil gewöhnt, an das monatliche Gehalt und an diese oder jene Annehmlichkeit. Das schafft eine starke Abhängigkeit.

So wie ein erfahrener Angler die Umgebungsbedingungen deutet – Licht, Temperatur, Tageszeit, Gegend –, so interpretiert auch eine gute Führungskraft ihr Umfeld, bevor sie Angel und Köder wählt. Aber es kommt manchmal vor, dass gerade kein geeigneter Köder da ist. Vielleicht ist sogar alles, was sich im Anglerkasten des Managers befindet, alter Plunder. Seine Konkurrenten verwenden Taschenlampen und Dynamit, und alles, was er hat, ist die Rute, um mit künstlichen Fliegen zu angeln.

Einmal beobachtete ich eine faszinierende Szene am Yellowstone River. Am Ufer stand ein junger Mann, offensichtlich ein Tourist, der geduldig die verschiedensten Köder ausprobierte. Kein einziger Fisch biss an, aber sein Tun an sich schien ihn völlig zufriedenzustellen – bis am gegenüberliegenden Ufer ein zweiter Angler sein Glück versuchte.

Alles an der Kleidung dieses Mannes – von der Mütze und der Weste bis zu den hüfthohen Gummistiefeln – deutete darauf hin, dass ihm der Fluss nicht fremd war. Außerdem bissen die Fische an – so viele, dass er sie freilassen musste, weil er schon genug hatte. Jetzt angelte er nur noch, weil es ihm Freude bereitete.

In der Zwischenzeit hatte der Tourist immer noch kein Glück gehabt. Trotzdem angelte er im gleichen Fluss, an der gleichen Stelle, am gleichen Tag. Im Lauf der Zeit wurde er so frustriert, dass er wohl am liebsten mit den bloßen Händen ins Wasser gegriffen hätte, um einen Fisch zu bekommen.

Das Problem besteht darin, dass die meisten Neulinge keine Lust haben, die Kunst des Angelns in jahrelanger Übung zu erlernen. Sie wollen im

Crash-Kurs das Wichtigste erfahren und dann gute Beute machen. Manche Angelschulen nähren sogar diesen Ehrgeiz, indem sie etwa versprechen, dass sie innerhalb kürzester Zeit alles Wissenswerte über die verschiedenen Schnüre und Geräte vermitteln könnten.

Erfahrene Angler wissen jedoch, dass ein Schnellkurs nicht das richtige Mittel ist, um all die Fähigkeiten zu entwickeln, die man benötigt, um die unterschiedlichsten Situationen zu meistern. Wirkliche Spitzenleistungen werden einem nicht in den Schoß gelegt. Man muss schon einen Preis dafür bezahlen, nämlich in Form von Übung, Geduld und Durchhaltevermögen – ganz zu schweigen von Talent.

Sattmachen für ein ganzes Leben

Einmal arbeitete ich für eine große Restaurantkette, die ihren Führungsstil mit dem Leitbild »Gib einem Hungrigen einen Fisch, und du machst ihn einen Tag lang satt. Lehre ihn zu angeln, und er wird für sein ganzes Leben satt sein« in Einklang bringen wollte.

Das Unternehmen bestand aus Hunderten von Restaurants, denen jeweils ein Manager vorstand. Die Manager leiteten die relativ großen Restaurants und waren auch für die Einstellung des Personals verantwortlich. Trotzdem wurden sie in der Firmenhierarchie nur als örtliche Assistenten des Bezirksleiters eingestuft.

Fast alle wichtigen Entscheidungen wurden von den übergeordneten Bezirksleitern getroffen. Sooft ein Problem auftrat, wandten sich die Manager also an den jeweiligen Bezirksleiter, um einen »Fisch« abzuholen. Da die Bezirksleiter eine bestimmte Anzahl von Restaurants überwachten und ihrerseits den Regionalleitern unterstanden, blieb ihnen nichts anderes übrig, als ständiges Krisenmanagement zu betreiben.

In Anbetracht dieser Hierarchie hatte sich der allgemeine Eindruck im Unternehmen gefestigt, es gebe nur diese Form der Karriere. Man musste ganz unten anfangen, um irgendwann ein Restaurant zu leiten und dann weiter befördert zu werden. Je höher man aufstieg, desto mehr Reisen standen an. Je öfter die Manager reisten, desto mehr Ehe- und Familienprobleme hatten sie. Wenn sie die Spitze der Leiter erklommen hatten, bemerkten sie, dass sie an der falschen Wand lehnte. Sie taten nicht das, was ihnen gefiel, und sie lebten nicht dort, wo sie gerne leben wollten. Dies war der Preis für ihren Erfolg.

Darüber hinaus waren dem Management die Regeln und Verfahren des Unternehmens wichtiger als die Wünsche und Bedürfnisse der Kunden. Dies lag daran, dass die Manager unflexibel waren und nie den geringsten Anreiz bekommen hatten, ihr Urteilsvermögen, ihre Talente und Initiative einzusetzen, um Probleme zu lösen oder zu verhindern. Die gesamte Hierarchie war eher methoden- als ergebnis- oder kundenorientiert. Darüber täuschte auch nicht die Tatsache hinweg, dass der Tagesordnungspunkt »Kundenbeziehungen« bei fast jeder Führungsbesprechung anstand. Fragen der Unternehmenspolitik dominierten das Denken der Manager so sehr, dass viele Entscheidungen nur auf derartigen Kriterien basierten.

Bemerkenswerterweise konnte sich das Unternehmen im Wettbewerb gut behaupten, aber im Spitzenmanagement wusste man nur allzu gut, dass es noch einen besseren Weg geben musste.

Nachdem ich die Probleme gemeinsam mit den Managern diagnostiziert hatte, kamen wir zum Ergebnis, dass die Entscheidungsfindung dezentralisiert werden musste. Dazu mussten Kompetenzen und Verantwortung so weit wie möglich nach unten verlegt werden. Dies wiederum hieß, die Stellung der Restaurantleiter aufzuwerten. Außerdem herrschte Einigkeit darüber, dass die Manager mehr Trainings- und Entwicklungsmaßnahmen als bisher benötigten, um die Dezentralisation machbar und finanziell profitabel zu gestalten.

Der Veränderungsprozess begann langsam und dauerte mehrere Jahre. Die neue Stellung und Bedeutung des einzelnen Managers kam nicht nur in schönen Reden auf den Aktionärsversammlungen zum Ausdruck, sondern auch dadurch, dass umfangreiche Mittel für Planungs-, Trainings- und Karriereberatungsprogramme bereitgestellt wurden. Außerdem wurden die Gehaltsstrukturen verändert: Die Manager wurden nun dafür belohnt, dass sie die ihnen unterstehenden Menschen aus- und weiterbildeten.

Bald wurde offensichtlich, dass eine wirkliche Dezentralisation sämtlichen Managern neue Fähigkeiten abverlangen würde. Während im Linienmanagement ganze Hierarchieebenen ausgedünnt und Gemeinkosten abgebaut wurden, begannen die Regionalleiter, etwa zwanzig Restaurants statt der bislang fünf oder sechs zu überwachen. Nun war es ihnen natürlich unmöglich, weiterhin die alltäglichen Ablaufentscheidungen zu treffen. Diese wurden jetzt von den Managern vor Ort übernommen, nachdem sie ein entsprechendes Training erhalten hatten, um das Restaurant alleinverantwortlich leiten zu können.

Der positive Effekt dieser Dezentralisierung war der, dass es nun einen zweigleisigen Aufstiegsweg gab: den bekannten Weg in der Linie und einen zweiten, der den Restaurantmanagern vor Ort mehr Anerkennung und mehr finanzielle Anreize bot, das Restaurant aufzubauen und Mitarbeiter anzuleiten, damit diese wiederum andere Restaurants übernehmen konnten. Ein Nebeneffekt dieser alternativen Möglichkeit war übrigens, dass diese Manager weniger Ehe- und Familienprobleme hatten.

In den oberen Etagen des Konzerns wurden die Führungskräfte nicht mehr davon in Anspruch genommen, zu lenken, zu kontrollieren, zu motivieren und zu beurteilen. Bisher hatten diese Aufgaben einen großen Teil ihrer Zeit gekostet. Nun konnten sie ihre Energien dafür einsetzen, Trainings- und Entwicklungsmaßnahmen zu ermöglichen, zu beraten und zu coachen und generell verfügbar zu sein, wenn jemand Fragen zur Führungsarbeit hatte. Im Großen und Ganzen begannen sie also endlich, ihre Manager zu lehren, »wie man angelt«, anstatt ihnen jeden Tag einen »Fisch« zu verabreichen.

Vielleicht war der größte Nutzen aus den Dezentralisierungsbemühungen derjenige, dass viele der Topleute, die früher wegbereitende Leistungen erbracht hatten, nun ihre gewohnten, aber ineffektiven Methoden des Delegierens, Kommunizierens und der Personalentwicklung offenlegten.

Als diese Pioniere sich mit anderen Aufgaben befassten, waren viele Kollegen gespannt, was dabei herauskommen würde. Überraschenderweise verlief der Übergang nicht nur glatt, sondern er führte auch zu mehr Aufstiegsmobilität, Begeisterung und Loyalität. Die Qualität und die weitreichende Bedeutung der Umstrukturierung wurden innerhalb kürzester Zeit für alle offensichtlich. Die Mitarbeiter wurden dazu aufgefordert, mehr Verantwortung zu übernehmen, sie wurden in der Anwendung der korrekten Prinzipien trainiert – und sie zeigten sich ihren neuen Aufgaben gewachsen.

Auf persönlicher Ebene jedoch vollzog sich der Übergang nicht ganz so leicht. Nicht wenige hatten Bauchschmerzen, wenn sie an das Neue dachten, andere fühlten sich entwurzelt und unsicher. Aber weil jeder Einzelne Mitarbeiter wusste, dass die Umstrukturierung auf lange Sicht die beste Lösung war, auf persönlicher wie auf unternehmerischer Ebene, und weil auch die Topmanager sich ihr überzeugend verschrieben hatten, gelang sie.

Als die neue Vision das gesamte Unternehmen durchdrungen hatte und alle wussten, wohin es in Zukunft steuern sollte, entwickelte sich ein starker Gemeinsinn. Die Unternehmenskultur veränderte sich, weil die Vision immer wieder aufs Neue bestätigt wurde.

Solche tiefgreifenden Ergebnisse sind nur möglich, wenn man ein Unternehmen in der täglichen Praxis nach den korrekten Prinzipien führt.

Literatur

Fisher, Roger und Ury, William: *Das Harvard-Konzept*, 22. Auflage Frankfurt/New York 2004.

Frankl, Viktor: *Der Mensch vor der Frage nach dem Sinn*, München 1990.

Iacocca, Lee: *Eine amerikanische Karriere*, München 2002.

Levitt, Ted: *Die Macht des kreativen Marketing*, Düsseldorf 1986.

Levitt, Ted: *Über Management*, Frankfurt 1992.

Peters Thomas und Waterman, Robert H.: *Auf der Suche nach Spitzenleistungen*, Landsberg a. Lech 1991.

Ury, William: *Schwierige Verhandlungen. Wie Sie sich mit unangenehmen Kontrahenten vorteilhaft einigen*, München 1995.

Register

Über den Autor

Stephen R. Covey

Stephen R. Covey ist weltweit anerkannter Experte für persönliche und berufliche Effektivität und Führung. Der Dozent, Unternehmensberater und Autor sieht seine Lebensaufgabe in der Verbreitung des prinzipienzentrierten Lebens und Führens für den Aufbau von Unternehmen und Familien. Er studierte an der Harvard University Betriebswirtschaft und promovierte an der Brigham Young University, wo er als Professor das Verhalten von Organisationen und Betriebsführung lehrte.

Dr. Covey hat mehrere erfolgreiche Bücher verfasst, darunter den internationalen Bestseller *Die 7 Wege zur Effektivität*, der zum einflussreichsten Wirtschaftsbuch des 20. Jahrhunderts ernannt wurde und als eines der zehn einflussreichsten Managementbücher aller Zeiten gilt. Es wurde in 38 Sprachen übersetzt und weltweit über 15 Millionen Mal verkauft. Auch *Der 8.Weg*, *Der Weg zum Wesentlichen*, *Die effektive Führungspersönlichkeit* und *Die 7 Wege zur Effektivität für Familien* sind Bestseller. Insgesamt wurden über 25 Millionen seiner Bücher verkauft.

Das *Time Magazine* zählt ihn zu den 25 einflussreichsten US-Amerikanern; er hat sieben Ehrendoktortitel erhalten. Der neunfache Vater und 43fache Großvater erhielt 2003 den Vaterschaftspreis der National Fatherhood Initiative, den er selbst als die bedeutsamste seiner zahlreichen Auszeichnungen betrachtet.

Dr. Covey ist Mitbegründer und Vice Chairman von FranklinCovey, des führenden, in mehr als 130 Ländern vertretenen Management-, Trainings- und Consulting-Instituts. Alle lokalen Vertretungen von FranklinCovey teilen seine Vision, Leidenschaft und Disziplin zu inspirieren und Tools zu entwickeln für die Veränderung und das Wachstum von Einzelnen und Organisationen auf der ganzen Welt.

Über FranklinCovey im deutschsprachigen Raum

Im deutschsprachigen Raum wird FranklinCovey durch die Leadership Institut GmbH mit Büros in Deutschland, Österreich und der Schweiz vertreten. Das Leadership Institut bietet das Beratungs- und Trainingsspektrum von FranklinCovey in deutscher Sprache und angepasst an unsere kulturellen Anforderungen an. Der Schwerpunkt liegt auf den Themen »Persönliche Effektivität«, »Führung« und »Umsetzungskraft«.

FranklinCovey Deutschland:	www.franklincovey.de
FranklinCovey Österreich:	www.franklincovey.at
FranklinCovey Schweiz:	www.franklincovey.ch